IoTシステムの全体像と現場で必要な技術がわかる！

IoT エンジニア養成読本 設計編

IoT Engineer

IoT (Internet of Things) システムがさまざまな業界で具体的に構築され始めています。新規のシステムをゼロから構築するケースもありますが、既存のシステムや事業を前提に、IoTシステムを構築するケースも多く見られます。従来のITシステムとは異なり、IoTではハードウェアとソフトウェア両面でどのように設計するか、多岐にわたる知識とノウハウが必要となります。

本書では、すでにさまざまなIoTシステムの構築に取り組んできた著者陣が、IoTシステムの設計に必要な基礎知識と実践的なノウハウをわかりやすく解説します。

技術評論社

本書はすべて、書き下ろし記事で構成しています。

著者プロフィール

片山 暁雄（かたやま あきお）● プロローグ、第4章

現職は株式会社ソラコムで、自社サービス用のソフトウェア開発／運用に携わる。前職はAWSにて、ソリューションアーキテクトとして企業のクラウド利用の提案／設計支援活動を行う。好きなプログラミング言語はJava。

坪井 義浩（つぼい よしひろ）● 1.1

オープンソースハードウェアの世界大手であるSeeedでIoTソリューションの提案・開発などに従事。インフラエンジニアとしてIPネットワークの設計・管理・運用などを経験し、共著書に『これだけは知っておきたい ネットワークの常識』技術評論社（2009年）がある。また、『Software Design』に7年余にわたってハードウェアに関する記事を連載。

松下 享平（まつした こうへい）● 1.2

株式会社ソラコムのテクノロジー・エバンジェリストとして、企業や開発者の方に向けて、SORACOMのサービスだけでなく、IoTの可能性についてより理解、活用いただくための講演活動を全国で展開。前職であるIoTゲートウェイ製造販売のハードウェアにてIoTソリューションをリードの経験を活かし、IoT時代におけるデバイスの在り方を説き歩く。2017年の講演回数は60回を超える。

大槻 健（おおつき けん）● 第2章

株式会社ソラコムにてSIM/eSIMの開発、セルラー向けコアシステムの設計、およびLoRaWAN,SigfoxをはじめとするLPWANの事業・技術開発を担当。前職は大手通信キャリアにて各種通信デバイス、SIMの仕様策定・開発に従事。毎日SIM焼いてます。

松井 基勝（まつい もとかつ）● 3.1

家庭用ゲーム機のプログラマー、オンラインゲームのインフラエンジニア、クラウドベンダーのエンジニアを経て、現職のソラコムではこれまでのスキルと経験を総動員し、IoT エンジニアとして活動中。最近犬を飼い始めたので、コネクテッドドッグのユースケースとして紹介できる日を夢見て準備中。

大瀧 隆太（おおたき りゅうた）● 3.2

クラスメソッド株式会社でAWSを活用したITシステム導入支援に携わる。業務のかたわら、会社のブログDevelopers.IO（https://dev.classmethod.jp/）で日々技術情報をアウトプットしている。共著書に『IoTエンジニア養成読本』（2017年）、『AWSエキスパート養成読本』（2016年、共に技術評論社）がある。一児の父。

日高 亜友（ひだか あとむ）● 3.3

1999年に独立して株式会社デバイスドライバーズを設立。代表兼開発エンジニア。組み込みシステム開発経験30年以上。現在は顧客視点のIoTの普及に注力。2006年以降、Microsoft MVPを毎年受賞。"

八木橋 徹平（やぎはし てっぺい）● 3.4

外資クラウド事業者において、ソリューションアーキテクトとして、システムの設計・実装の支援やホワイトペーパーの作成に従事。2018年に起業し、CTOとしてクラウドベースの新規サービスの開発を行なっている。また、過去数年にわたり、OSSのNATS messaging systemの開発にも携わる。

今井 雄太（いまい ゆうた）● 第5章

株式会社ソラコムでソリューションアーキテクトをしています。HadoopやSparkなどを使ったデータ分析プラットフォームが得意分野です。

小泉 耕二（こいずみ こうじ）● エピローグ

IoTNEWS代表（https://iotnews.jp/）、株式会社アールジーン代表取締役。大阪大学でニューロコンピューティングを学び、アンダーセンコンサルティング（現アクセンチュア）他、数社でのコンサルティング業務を経て現職。 著書に、『2時間でわかる 図解「IoT」ビジネス入門』（あさ出版）がある。

プロローグ

多彩な活用事例を通して見えるもの

IoTシステム開発に求められる力

片山 暁雄　KATAYAMA Akio

URL: https://www.facebook.com/c9katayama
mail: katayama@soracom.jp
GitHub: c9katayama
Twitter: @c9katayama

0.1 社会に浸透するIoT

年々、IoT (Internet of Things) という言葉を耳にする機会が増えてきています。数年前まで「IoTとは」や「モノのインターネットとは何か」というような記事が雑誌やニュースサイトで取り上げられていた頃とは隔世の感があります。このプロローグでは、IoTの現状についてご紹介していきます。

高度化するIoTシステム

本稿を執筆している2017年は、音声認識や画像認識、動画認識のような、近未来を描いた映画や小説でしか実現していなかった技術が、現実社会で実用段階に入って来たことを予感させるような製品やサービスが多く発表された年でした。

たとえば音声で指示を出したり、機器を操作したりすることができる製品が一般消費者向けに販売されました。具体的には、Googleの「Google Home」やAmazonの「Amazon Echo」(**図1**)、どこでもさまざまな言語が翻訳できる、ソースネクストの「POCKETALK」(**図2**) のような製品です。このほかに、「LINE」やチャットを使って企業への問い合わせの応答を自動で行う「チャットボット」と呼ばれるサービスや、写真を送るだけで商品査定、買い取りまで行うようなサービスも現れました。

既存の業務処理を自動化するためのシステムの総称として、RPA (Robotic Process Automation) という名前も登場するようになっています。RPAは「ロボットを用いた業務自動化」と訳されますが、ここでのロボットにはソフトウェアも含まれます。三菱東京UFJ銀行をはじめとした大手銀行などでも、このようなテクノロジーを利用して数千〜万人単位の生産性向上を進めています。

これらの製品やサービスは、技術要素としての機械学習やディープラーニング (深層学習) の発展とコモディティ化によるものが大きく寄与しています。

Googleの「TensorFlow」、Apache「MXNet」、iOS 11に搭載された「Core ML」のような機械学習/ディープラーニング用のフレームワークキットは、オープンソースや無償で提供されており、コストなしで誰でも利用できます。このようなフレームワークを利用することで、高度な機械学習/ディープラーニングシステムを低コストで導入できるようになっています。

■図1　Amazon Echo

■図2　POCKETALK

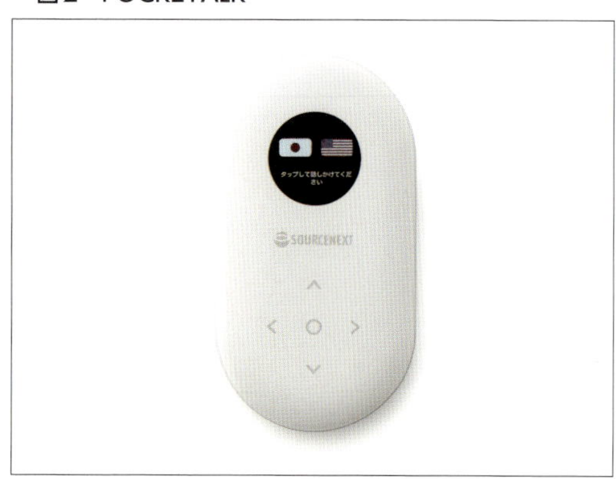

■図3　道路や車両をリアルタイムに認識

これらの技術を開発者がより使いやすいように、画像認識や音声認識をAPI化したサービスも多くリリースされています（図3）。たとえば画像認識であれば、以下のようなサービスがあります。

- Vision API（Google）
- Computer Vision API（Microsoft Azure）
- Amazon Rekognition（Amazon Web Services：AWS）

画像認識APIを使うと、画像をAPIでリクエストとして送出すると、画像認識した物体名と、その認識の信頼度（confidence）をレスポンスとして文字データを取得できます（図4、リスト1）。認識結果を文字データとして取得できるので、サーバ／デバイスの種類に関係なく、認識結果をプログラムで容易に扱えます。

■図4　リクエストで送出した画像

みずほ銀行や住信SBIネット銀行などは、口座の残高照会や入出金明細確認を音声で行えるスキルの提供を開始しており、クックパッドも料理のレシピ検索を提供しています。またPhilipsの「Hue」という電球は、Alexaと連携することで音声で電球のオン／オフを切り替えることができます。これらの事例からわかるように、音声入力によって現実世界に影響を及ぼす仕組みも整いつつあります。

■リスト1　画像認識APIのレスポンス

```
{
    "Labels": [
        {
            "Name": "Food",
            "Confidence": 96.69223022460938
        },
        {
            "Name": "Fries",
            "Confidence": 96.69223022460938
        },
        {
            "Name": "Fried Chicken",
            "Confidence": 84.43055725097656
        },
        {
            "Name": "Nuggets",
            "Confidence": 84.43055725097656
        },
        {
            "Name": "Bowl",
            "Confidence": 57.30733871459961
        }
    ]
}
```

これらの技術はクラウドやサーバサイドなどのコンピュートリソースが豊富な場所で動作させることが多く、IoTデバイスからは通信を使って都度画像や音声をAPIで投げる必要がありました。そこで、それなりに演算能力の高いIoTデバイス上で処理を行ってしまう、いわゆる「エッジコンピューティング」を行って通信オーバーヘッドを減らし、よりリアルタイムに処理が行える仕組みを実装するアーキテクチャも増えつつあります。

AWSの発表した「DeepLens」というデバイスは、非常にわかりやすいエッジコンピューティングデバイスです（図5）。ハードウェアとしてAtomプロセッサ搭載のボードにUSBカメラとカメラが装備され、OSとしてUbuntu Linuxが使われています。

製品としては非常に汎用的なデバイスなのですが、DeepLensには、デバイス上で機械学習を実行するための仕組みと、それらをすべてAWSクラウドで開発し、連携させる仕組みが備わっています（詳細については第3章で解説します）。物体認識をするためのモデルやプログラムをクラウド上で作成して、そのプログラムをデバイスにデプロイして物体認識を行い、その結果をサーバサイド側に通知するという仕組みを簡単に構築できます。

筆者もこのDeepLensの発表のときに、ハンズオンワークショップに参加しました。DeepLensを使って物体認識をするという内容でしたが、DeepLensのセットアップからモデル／プログラムのダウンロード、物体認識までの時間はおおよそ30分ぐらいでした。学習モデルは用意されたサンプルのものを利用しましたが、人物や物体の認識は十分に精度が高いものでした（図6）。

機械学習のモデルを作成すれば、たとえば人がカメラに写ったタイミングで通知をして数を数えたり、車が通ったタイミングで通知をしてアラートを発報することが可能になり、これまで人が行っていた目視の作業を機械に置き換えることも可能になります。ほかにも、電力計の波形が異常に大きくなったタイミングや、水道メーターの数値が一定の量を超えたタイミングをカメラで捉えて通知することで、ネットワーク接続されていない既存の製品や、今まで人の目で確認していた既存の仕事をそのままIoT化することも可能になります。

筆者が参加したワークショップでも、学習モデルをカスタマイズしてホットドックを認識させるというハンズオンがありましたが、学習モデル作成もブラウザベースで行うことができ、非常に簡単に行うことができました。

DeepLens自体の価格は本稿執筆時点（2017年12月）では249ドル（予価）となっており、AWSサービス利用料含めても数万円あればすぐに導入が可能なのは実に驚異的です。

IoTはここ数年、デバイス／通信／クラウドのコモディティ化と低価格化の流れを受け、広がりを見せて

■図5　AWS DeepLens

■図6　DeepLensでの人物の認識

います。実際に多く使われる用途としては、各種センサーから取得したデータを使った可視化やアラート、画像や動画の記録のような目的で導入されるケースが挙げられます。今後はこういった活用方法に加えて、現実的に使える機械学習／ディープラーニングや音声認識を利用した、より効果の高いIoTシステムの導入が進むことが予想されます。

IoTシステムを活用した事例

このように技術面の発達が進む中で、実際にIoTシステムを導入し、ビジネス改革を実現する企業も増えてきました。ビジネス誌にもIoT事例が取り上げられるケースが多くなってきましたが、最近の事例で特に興味深かったのが、有限会社協同ファームのものです。

協同ファームは年間で5千頭の豚を出荷する養豚場で、現在この生産量を上げるために規模拡大の工事をされていますが、単に規模を増やすのではなく、今までと同じ従業員数で現在の2倍の生産量に対応できる仕組みを作るために、IoTを活用しています。

愛情を持って豚を育てるために、人が豚に接する時間を増やしたいという従業員の思いがある中、実際には自動給餌器や自動除糞装置などの故障、水道管の水漏れや排水溝の詰まりなど、養豚設備のメンテナンスに多くの時間を使ってしまうという現実がありました。

そこで同社では生産性を2倍にするために何をしたらよいかを検討しました。まずは設備メンテナンスの時間を減らすところにIoTシステムを活用できないかと考え、九州のシステムインテグレーターである株式会社システムフォレストに調査を依頼。同時に、養豚所の各種設備の状況を把握できるIoTシステムのPoC（Proof of Concept：概念実証）を開始しました。IT全般のコンサルティング契約という形で、協同ファームの日高義暢社長とアイデアを議論し、そのアイデアの中から活用できそうなものはすぐ発注してすぐに試しているそうです。

たとえば、流量計を使った給水状況をモニタリングする仕組みや、餌の供給管理と消費量をリアルタイムに把握する仕組み、集糞装置の稼働管理の把握や温度・湿度・CO_2などの環境情報を取得する仕組みなどがあります（**図7**）。

養豚場の現場には、ゲートウェイとしてぷらっとホーム株式会社の「Open Blocks BX1」を設置し、3G/LTE通信を行うために「SORACOM Air」と「SORACOM Funnel」を利用。データ収集／可視化のツールにウイングアーク1st株式会社の「Motion Board」を採用しました。実際にMotion Boardで各種数値が可視化できるところまで、わずか2週間程度で構築できたそうです（**図8**）。

このような仕組みで得られた情報はダッシュボードにリアルタイムに反映され、全従業員が携帯するスマートフォンでいつでも確認できます。また、LINEな

■ 図7　協同ファームが実現した設備のモニタリング

水道管のトラブル

集糞設備ワイヤーの損耗

各種設備の老朽化

どを使って、重要なアラートを通知する仕組みも構築されています（**図9**）。

新たにIoTシステムを導入したことによって、以前は現場を回らないと確認できなかった設備の状況がリアルタイムに把握できるようになり、いち早く設備の修繕が必要な箇所を把握し対応できるようになりました。

このほかにも、水量計の情報から豚がどの時間にどのぐらい水を飲んでいるのか、いつごろから活動しているのかという情報がわかるようになったりしました。また、温度や湿度などの環境情報から、以前は従業員が見たり食べたりして管理していた豚肉の品質の変化を、環境情報の変化によって予兆に気がついたりできるようになるという副次的なメリットがあったそうです。

導入にあたっては、設置する環境に対する制約、たとえば豚舎の洗浄のために防水が必要であったり、アンモニアなどの特殊な成分が多い場所にIoTデバイスを配置するためのデバイス設計や設置で工夫が必要でした。これらについても現場でのトライアンド

■ 図8　Motion Boardで制作したダッシュボード

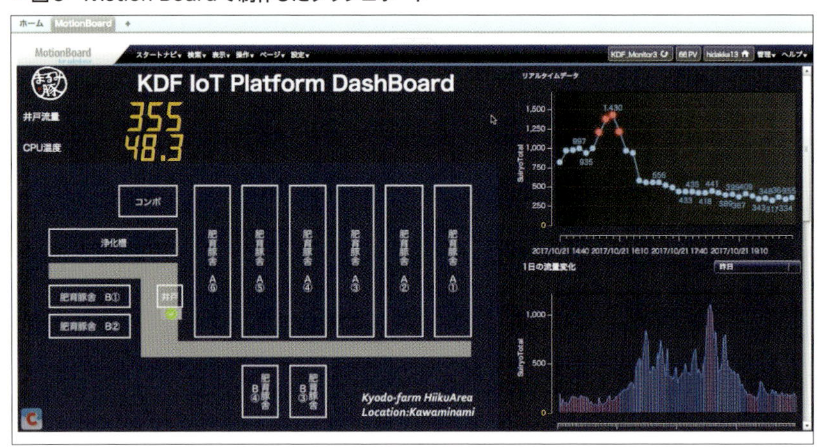

■ 図9　LiNEでの通知

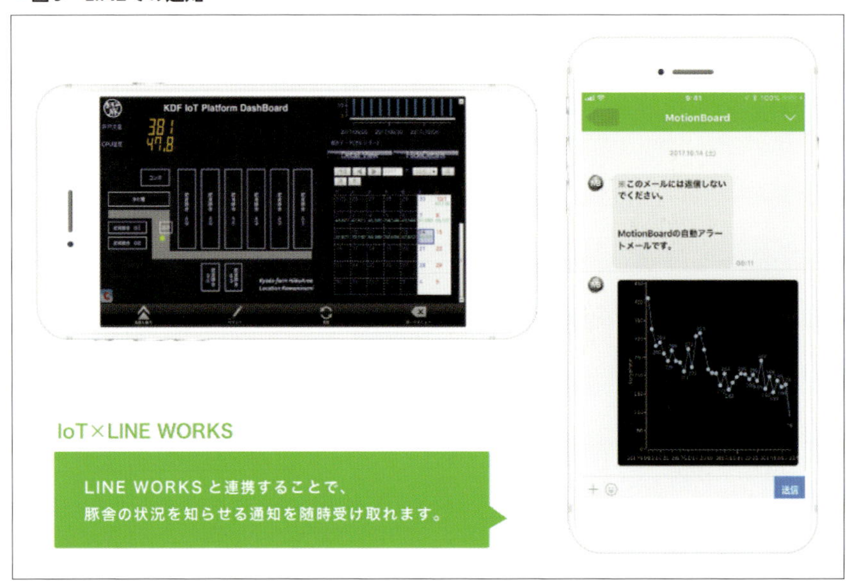

エラーで改善していったそうです。

この事例からは、IoTシステムの構築／導入にあたって、次のような点で参考になります。

- IoTシステムの導入により、実現したい目標が明確にある
- 事業とシステムの担当者双方がアイデアを出し合い、すぐに試す。それを繰り返し行いつつ改善する
- 必要な部分以外は作り込まず、既存の仕組みで利用できるものはそのまま利用し、短期間で動くものを作る
- 集めたデータから、副次的に別のメリットを見つけ、さらにそれを活かす

IoTシステムの導入でよく見かけるのが、明確な目標もないまま机上の設計を繰り返したり、IoTシステム自体の導入自体が目標になってしまい、ビジネスと開発が噛み合わないために効果が出ないというアンチパターンです。この事例では、関係者全員が一体となりトライアンドエラーを繰り返すことでメリットを出した良例です。いったんデータが集まる仕組みができあがると、それをさらに活用したシステム作りを継続的に行うことができるようになります。IoTシステムを構築している企業と構築していない企業とでは大きな差が生じることになります。

本書の狙いと内容

0.2 本書について

本書では、幅広いIoTの技術分野の中から、特に重要で今後の開発に有用なものについて解説しています。ここでは、本書の狙いと各章の内容について説明します。

筆者はこれまで数多くの案件を手掛けてきましたが、ことIoTシステムの導入においては、協同ファームの事例のように、現場で手を動かしてトライアンドエラーを行える技術者が鍵となります。IoTシステムは技術要素も多岐に渡り、機械学習や音声認識などの新しい分野の知識も必要となるため、すべての要素を深くまで知ることは実際にはかなり困難です。しかしながら、それぞれの技術要素を試したり学習したりするコストは非常に低くなっているため、一人でも一通り動くIoTシステムを作るのはそれほど難しくはありません。

本書は、今までにIoTシステムの設計／構築に携わった技術者、もしくは今後IoTシステムの設計／構築に関わる技術者をメインの対象読者としています。デバイスやクラウド、通信の特定分野に知識があり、IoTシステムでその知識がどのように活かせるか、他の技術領域と設計／構築上どのように連携するのかを把握したいような方も対象です。

本書はIoTシステムで必要となる技術要素ごとに章立てを行っており、それぞれの要素でシステム設計上知っておくべき技術要素や、どのような点を確認すべきか、どのような点に注意して設計すべきかについて書かれています。

各章の内容は以下のとおりです。

第1章　デバイス／ファームウェア

プラットフォームやセンサーの選定、デバイスの見積もりや調達、量産、クラウドとの連携を意識したファームウェアの設計について記述しています。

第2章　IoT通信の選択肢

IoTの通信について解説します。セルラー通信(3G/4G/5G)、LPWA (Low Power Wide Area) のLoRaWANやSigfox、ソニーのLPWA、セルラーLPWAであるLTE Cat.MやNB-IoTについて、その仕組みや規格の特徴について記述しています。

第3章　クラウド

AWS、Microsoft、Googleのメガクラウド3ベンダーについて、各プラットフォームの提供するIoT向けサービスの特徴や設計方法について記述しています。

第4章　セキュリティ

セキュリティ設計の参考になるガイドラインやホワイトペーパーの解説と、IoTシステムで特に問題となるID／認証の設計について記述しています。

第5章　事例紹介

消費電力の効率化、クラウド連携、下り通信、大量の回線の管理など、IoTシステムによくある技術的課題を切り口として事例をもとに解説しています。

エピローグ　未来展望

IoTと、IoTに関わる技術者の今後について解説しています。

IoTシステムはどの業種／業態でも適用できるところもあり、それぞれに必要な技術要素も異なってきます。それらの技術要素はまだ発展途上で流動的なところも多いため、本書でカバーしきれていないものもあるかもしれません。それらについては機会を改めてご説明できればと考えています。本書が皆様のIoTシステム設計に少しでも参考となれば幸いです。

第1章

プラットフォームやセンサー選定／調達／量産／クラウド連携
デバイス／ファームウェア

本章では、IoTの末端となるデバイスと、デバイスを動かすために必要になるファームウェアについて解説します。どちらも日進月歩で進化しており、クラウドの登場によってさらに多様さが増しました。設計手法の変化なども含め、デバイスとファームウェアの「現在」について見ていきます。

坪井 義浩　TSUBOI Yoshihiro
松下 享平　MATSUSHITA Kohei

デバイスの種類、調達と実装、関連する規制や法制度

1.1 デバイス

IoTの末端となるデバイスはさまざまなものがあります。センサーなどの半導体、エンドノードやリーフノードと呼ばれる末端の機器も含まれます。サーバのハードウェアもデバイスです。本節ではそれらのデバイスの種類や特徴、関連する規制や法律などの情報について説明します。

坪井 義浩　TSUBOI Yoshihiro

はじめに

筆者は、Seeed Technology Limited（URL https://www.seeedstudio.com）という、中国の広東省深圳（シンセン）に本社を構える会社で、プロダクト担当VP兼日本担当のカントリーマネージャーをしています。本節では、「世界の工場」と呼ばれる中国と、日本でのハードウェアの小ロット設計・生産の経験を生かして、読者の皆さまの役に立つような考え方を紹介します。

プラットフォームの選び方

「IoTのエンドノードを作る」には、まずどのようなプラットフォームを使って試作をするかを決めなければなりません。ここ10年くらいの間にハードウェア分野に訪れたオープンソースムーブメントによって、最近では非常に多くのプロトタイピング向けのプラットフォームが登場しています。

こういったクイックでダーティ（不完全）なプロトタイプは、もちろん実際にデプロイ（設置）して使用するデバイスとは少し異なるものになりがちです。一方、実際にデプロイするデバイスに近づければ近づけるほど、プロトタイプで得られた知見を生かすために手戻りするときの工数が大きくなっていきます。だからといって、実際のデバイスからかけ離れたものでは、プロトタイプによって確認できることが少なくなってしまいます。このあたりのバランスをどうやって取っていくかが、プラットフォーム選びのポイントになります。ここからは、実際にデプロイするデバイスのことを念頭に置きながら、どういったことに留意し、どのようにプラットフォームを選んでいくのがよいのか考えていきます。

どう設置するかを考えよう

まず、作ったデバイスをどこにどうやって設置するのかを考えましょう。

たとえば、ユーザーが身につける、つまりウェアラブルを作るのであれば重量は軽く、薄く小さく、できれば生活防水程度の防水性能が必要だろうということになります。身につけると言っても、ポケットに入れたり首から提げるのではなく、腕に巻くなど直接肌に触れるのであれば、汗のことを考えるとより高い防水性能が求められるでしょう。また、発熱をするようなデバイスは、直接肌に触れるようなウェアラブルでは歓迎されないでしょう。

一方、身につけるデバイスであれば、電池で動かすことは前提になります。とはいえ、ウェアラブルであれば頻繁にデバイスの電池を交換したり充電したりするのも簡単です。

ウェアラブルではなく装置を設置するにしても、さまざまなシチュエーションが考えられます。屋内に設置するのか、屋外に設置するのか、あるいは屋外でも自分たちが管理している建物の近くに設置するのか、都市部に設置するのか、人里離れた場所に置くのかなど考えられます。設置する状況によって許容される大きさは変わりますし、電源の状況も変わります。

屋内で自社が管理する物件であれば、防水性能は

■ 図1 屋内設置の例

■ 図2 屋外設置の例

求められないでしょうし、コンセントからの常時給電やWi-Fiでインターネットに接続をすることも期待できます（**図1**）。しかし屋外設置だと、防水性能どころか耐候性（屋外は紫外線が当たったり、温度も湿度も変わりますので、防水性能が劣化しがちです）が求められます（**図2**）。

このほかに、昆虫がデバイスに巣を作ったりといった問題や、コンセントからの常時給電が難しくなるといった問題も発生します。また、忘れられがちですが一般的な防水や耐候性だけでなく、特に多雷地域では落雷といった自然現象についても検討をしなければなりません。

屋外でも、人里離れた場所であれば常時給電は非現実的な選択肢になります。電池交換ができる頻度もとても限られてきます。そうなると、長期間運用するためにデバイスの消費電力をできるだけ抑えるだけでなく、どう充電するのかという課題も解決しなければなりません。

もちろん、デバイスをインターネットに接続する手段も、アプリケーションだけでなく設置場所によって変わってきます。デバイスを電池で運用するのであれば、たいていは無線を使うことになるでしょうし、そうなると省電力が求められます。Wi-Fiを使うと手軽にインターネットに接続することができますが、アクセスポイントを用意しなければならなかったり、公衆無線LANであればそれぞれの認証方式に対応する必要が出てきたりします。

Wi-Fiの難点は、SSID（Service Set Identifier）やクレデンシャルなど、デプロイするときの設定が面倒な点です。高速なWi-Fiを使うと消費電力も増えます。一般にワイヤレス技術は帯域が広かったり、カバーするエリアが広かったりすると消費電力が大きくなりがちです。逆に帯域が小さく、通信出来る距離が短いと消費電力が小さいというトレードオフの関係にあります。これらワイヤレス技術の選択については、第2章を参考にしてください。

先のことを考えた選択を

趣味で作る一点物であれば気にすることはないのですが、ビジネスで展開するIoTデバイスでは、継続的に調達できるかどうかも重要です。プロトタイプ用のプラットフォームは、あくまでプロトタイプ用であり、実際に展開するうえでは要求される速さに応じてデバイスを製造したり用意できなければなりません。また、プロトタイプ用のプラットフォームの多くは、継続供給性が保証されていません。つまり開発を始め、実際に量産に移行するときには調達できない可能性があります。実際に展開を開始したあとになってから、プラットフォームが入手できないという事態は避けなくてはなりません。

昨今のオープンソースの拡大によって多くの場合にプラットフォームの回路図などは公開されていますが、使用している主要部品が手に入らなければ代替のデバイスを自社で製造できなくなくなってしまいます。プラットフォームを選択するときには、そのプラットフォームで使用している主要部品が、予定した製造期間中に必要量が供給されるかどうかを確認することも大切です。

この一定の期間の供給が顧客から求められていることについては半導体メーカーも承知していて、「長期製品供給プログラム」の類を提供しています。これは、この製品についてはいついつまでは供給しますよという約束です。たいていは供給開始日から何年間という保証が与えられていて、供給開始日から現在までの経過期間と残期間を考慮して、その製品を採用しても以降供給に問題が起きにくそうかどうかを判断します（**図3**）。

プロトタイプに向いたプラットフォーム

Arduino

プロトタイピング向けのプラットフォーム、あるいはオープンソースハードウェアの草分けと呼べるのが「Arduino」（アルドゥイーノ）です。Arduinoはもともと、イタリアのイブレアにあったイブレア・インタラクションデザイン工科大学（IIDI）という大学で生まれました。学校名にもある「インタラクションデザイン」はデザインとテクノロジーを融合させたもので、この分野のアイデアを形にするためのプラットフォームとして生まれました。

Arduinoの特徴は、これまでマイコンボードを使って何かを作っていなかった人々にマイコンボードを届けたことです。エレクトロニクスやソフトウェアを専門としない人でも手軽にインタラクティブな装置が作れるようになりました。

Arduinoはオープンソースで開発されているため、誰でも回路図や基板図、開発ツールのソースコードを見ることができます。ただ、最も広く普及している「Arduino Uno」に搭載されているのはAVRという8ビットのマイコンで、ちょっとした制御には十分ですが、TCP/IPスタックを載せ、インターネットで一般的に使われるテキストベースのプロトコルの文字列をメモリ上で処理するには力不足です。しかし、Arduinoのシンプルな使いやすさは、今なお多くの人に支持されています（**図4**）。

開発言語にはC/C++を使っていますが、ライブラリや関数が多数用意されているので、通常のC/C++によるマイコンの開発と比較すると非常にスムースにマイコンの開発を行えます。ただしArduinoはもともと8ビットのマイコンをターゲットに開発されているため、他のプラットフォームにあるようなマルチスレッドやIPスタックなどがありません。最も普及しており一般的なArduino Unoにはプロトコルスタックが載せられないため、ネットワークに接続するには、

■ 図3　Espressifの長期製品供給プログラムの例

■ 図4　Arduino Uno R3

ネットワークインタフェースにプロトコルスタックも搭載したイーサネットシールドなどを組み込み、処理をオフロードしなければなりません。

Arduinoにはシールド（Shield）と呼ばれる拡張基板が数多く存在し、イーサネットシールドもその1つです（**図5**）。シールドを使えば、Arduinoに基板を被せて乗せるだけで機能を追加できます。手軽にマイコンボードに機能を追加できるため、Arduino以外のマイコンボードもシールドを載せることができる設計が多く採用され、「Arduinoフォームファクタ」と呼ばれたりしています。シールドはオフィシャルだけでなく、さまざまな団体や人々が開発し、製造や販売を行っています。また、シールドは既製のものだけでなく、自分でシールドを作ることも可能です。

現在ではArduinoの開発ツールであるArduino IDEを使って、さまざまなボードが開発できるようになっています（**図6**）。たとえば、Wi-Fiインタフェースを搭載したESP8266というマイコンをArduino IDEで開発する「Arduino core for ESP8266 WiFi chip」（URL https://github.com/esp8266/Arduino）はユーザーの人気も高く、多くの人が利用をしています。日本でESP8266を使うには、技適マークが付いた「ESP-WROOM-02」というモジュールを使うとよいでしょう（**図7**）。

■図5　イーサネットシールド

■図6　Arduino IDE

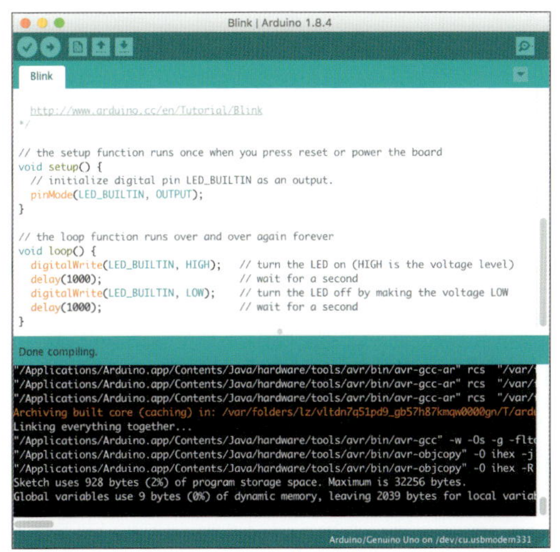

✚ Raspberry Pi

「Raspberry Pi」（URL https://www.raspberrypi.org）（ラズベリーパイ）は、イギリスのケンブリッジ大学でコンピュータサイエンスを教えていたEben Upton氏が創設したRaspberry Pi Foundationが開発したプラットフォームです。同氏が教鞭を執っていたときに、学生たちのプログラミングスキルの低下に気づき、その原因は1980年代の頃のようなプログラミングのできるコンピュータが子供の部屋からなくなったためではないかと考えたそうです。こうして、この問題を解決することのできるマシンの開発が行われました。これがRaspberry Piです（**図8**）。

Raspberry PiはLinux（DebianベースでRaspberry Pi用に最適化されたRaspbian）が動作するボードです。他にもAndroid ThingsやWindows 10 IoT CoreなどのOSが動きます。Linuxが動くため、Webエンジニアの人たちが自分たちの持てる知識を生かしてRaspberry Piを使うことができ、非常に人気のあるプラットフォームです。Linuxが動くということは、

■図7　ESP-WROOM-02

■図8 Raspberry Pi 3 Model B

■図9 Raspberry Pi Compute Module 3

■図10 ConnectCore 6UL

Raspberry PiはMMU（Memory Management Unit）を搭載し、仮想メモリを使うことができます。この点でRaspberry Piはここで紹介している他のプラットフォームと違います。Raspberry PiはLinuxの世界のライブラリやスクリプト言語を使って手軽に開発を行えます。また、コンピューティングリソースが豊富なため、画像認識といった重い処理も実行できます。

トレードオフもあります。Raspberry Piは高性能である反面、消費電力が大きいのです。常時給電ができる設置環境であればよいのですが、そうでない場合は、処理を行う必要がある場合だけRaspberry Piを起動し、処理を行わない間はシャットダウンするといった間欠動作も含めて検討しなければなりません。

Raspberry Piの多くのモデルはビジネス用途にも販売されていますが、小型で人気のある「Raspberry Pi Zero」と「Raspberry Pi Zero W」はビジネス向けの販売チャネルが用意されていません。ビジネスのIoTデバイスに採用するのであれば、「Raspberry Pi Compute Module」を使用するのがよいでしょう（図9）。SDカードの信頼性を考えると、eMMCも搭載しているCompute Moduleがよさそうです。ただ、筆者の考えでは、ビジネスに使うIoTデバイスを作るのであれば、部品の安定供給が保証されているものを使うほうがよいでしょう。

Linuxを動かすような要件のシステムであれば、SOM（System on Module）やCoM（Computer on Module）を複数のベンダーが提供しています。たとえばDigi Internationalの「ConnectCore」（URL https://www.digi.com/products/embedded-systems/system-on-modules）や、Toradexの「コンピューターモジュール」（URL https://www.toradex.com/ja-jp/computer-on-modules）などは組み込みシステムの展示会などでよく目にします（図10）。

＋Arm Mbed

「Arm Mbed」（エンベッド）（URL https://www.mbed.com/en/）は、IPコア（Intellectual Property Core）と呼ばれるLSIの設計情報、つまりCPUの設計図（ライセンス）を販売しているArmが提供しているIoTデバイスプラットフォームです（図11）。現在のMbedは、マイコンで動かすプログラムを開発する「Mbed OS」と、デバイスの管理やセキュアな接続を実現する「Mbed Cloud」から構成されています。Mbed Cloudを使う場合、デバイス側でMbed OSとともに「Mbed Cloud Client」を搭載しなければなりません。

このMbed OSはもともと、学生にマイコンなどのテクノロジーを届ける「mbed」というプロジェクトのSDK（図中のClassic）に由来しています。mbed SDKにもRTOS（Real Time Operating System）が追加され、その後アプリケーションをビルドするためのコマンドラインツールや、コネクティビティを実現するためのTLSライブラリなどさまざまなコンポーネントが増え、現在はMbed OS 5になりました（**図12**）。

Mbedの特徴として、Webブラウザで開発できることと、ドラッグ＆ドロップでのプログラムの書き込みが可能なことがあります。先ほど学生にテクノロジーを届けたいというという動機からmbedが生まれたと紹介しましたが、学校のパソコンはソフトウェアのインストールができないようにロックされていたことから、特定のソフトウェアをパソコンにインストールしなくても使えるような仕組みが考案されたそうです。ツールをインストールしなくてもよいのは、開発を始める人全員にとってのメリットで、環境に起因するトラブルも少なく済みます。Webブラウザさえあれば、皆が同じ状態の開発環境を使うことができます（**図13**）。

一方、職場のルールでクラウドにソースコードをアップロードしてはいけないなどの制約があるビジネスユーザーには、このオンラインコンパイラの仕組みは受け入れられません。こういった問題を解決するためにも、mbed SDKからMbed OSにアップデートが行われると同時期に「mbed-cli」というビルドするためのコマンドラインツールの提供が始まりました。

mbed SDKからMbed OS 5へのアップデートの際に、それまでオプションだったRTOSが標準になり

■図11　Mbedの概略

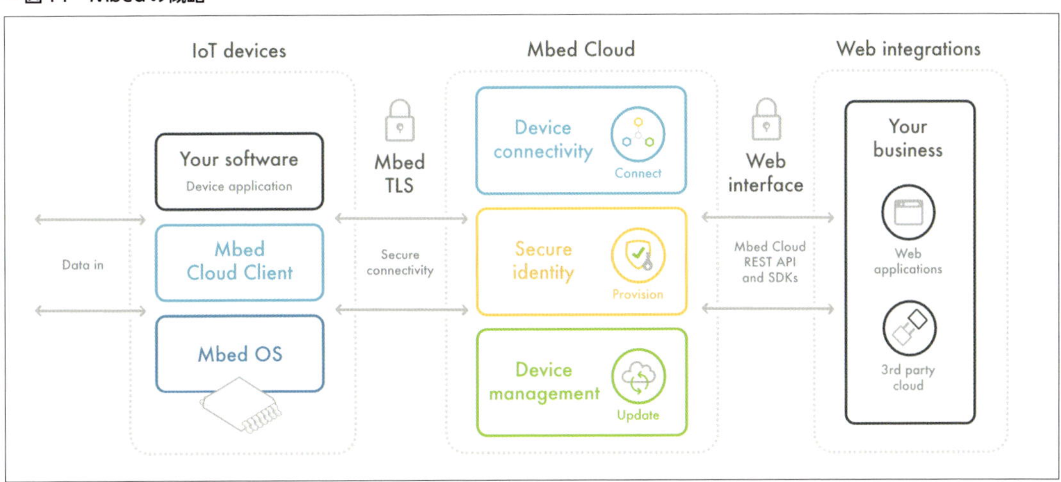

出典：https://mbed-media.mbed.com/uploads/images/Mbed_Overview.svg

■図12　Mbed OS 5（バージョンは2＋3＝5）

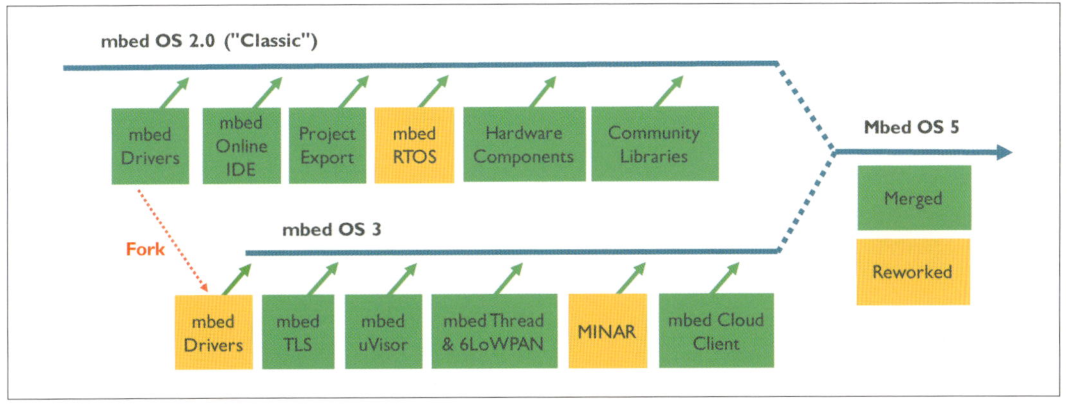

出典：https://os.mbed.com/blog/entry/Introducing-mbed-OS-5/

ました。RTOSというのはOSの一種です。OSということから、リソース管理を行うソフトウェアであることは推測できると思います。最近では、OSというとWindowsやLinuxといったリッチなOSを思い浮かべる方も多いでしょう。これらのOSは、汎用に使うコンピュータ用のOSです。

一方、マイコンを用いた組み込みシステムは、コピー機やデジカメといった特定の目的に使う専用のコンピュータです。マイコンはコストを下げるためにメモリや処理速度などのリソースが汎用のコンピュータと比較して非常に限られています。また、機器を制御する場合は、リアルタイムな制御が求められます。限られたリソースで、リアルタイムな制御を行うことに特化したOSがRTOSです。このため、RTOSには、汎用コンピュータが持っているようなUI（User Interface）が搭載されていないのが一般的です。

RTOSは、一般的にはマルチタスクなOSです。リアルタイムな制御というのは、複数のタスクをスケジュールに応じて実行し、複数のタスクを並行処理しなければならないときは、優先度に従って実行することを指します。あるタスクの実行中に、より高優先度のタスクを実行する場合、すでに実行中のタスクを一時的に中断します。このようなスケジューリングはプリエンプティブ、動作はプリエンプションと呼ばれ、また、タスクの一時的な中断や後の再実行はコンテキストスイッチと呼ばれます。他のスケジューリング方式として、ラウンドロビンや協調型などがありますが、これらの方法ではタスクが指定した時間に実行されるとは限らず、リアルタイム性が失われがちです。

Mbed OS 5は、ArmのRTXというRTOSを使っています。このRTOSは、タスク（スレッド）間の通信やリソースの共有などの機能を提供しています。Mbed OS 5のRTOSについての詳細は、URL https://os.mbed.com/docs/v5.7/reference/rtos.htmlを参照してください。

Mbed OSの本当の利点は、HAL（Hardware Abstraction Layer：ハードウェア抽象化レイヤー）のAPI共通化にあります。マイコンの世界では、各半導体メーカーの提供するSDK（Software Development Kit）は各社独自の方式で提供されているので、マイコンのメーカーや型番を変えるたびにアプリケーションの大規模な書き換えが発生します。

これに対してMbed OSでは、HALのAPIが共通化されているため、一度Mbed OS向けにアプリケーションを書いてしまえば、Mbed OSが移植されているマイコンを使う限り、アプリケーションの書き換えはごく小さいもので済みます。Mbed OS 5に対応したマイコンボードは75種類以上あり、さまざまなネットワークインタフェースを選択できます（図14）。

Mbed OS対応ボードは非常に多くのバリエーションがあるため、どれで始めればよいのか迷うでしょう。本稿執筆時点では、NXPの「FRDM-K64F」がお勧めです（図15）。

■図13 オンラインコンパイラ

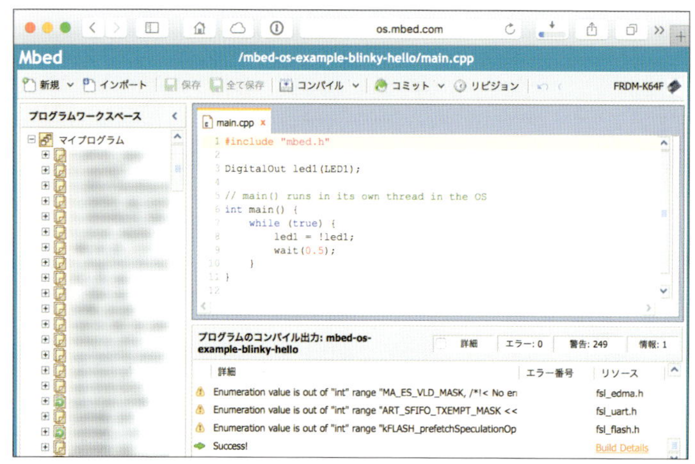

✚ Amazon FreeRTOS

「FreeRTOS」（URL https://www.freertos.org）は、広く使われている組み込みシステム用のオープンソースのRTOSです。以前まで例外条項付きGPLだったのですが、FreeRTOS kernel V10からはMITライセンスになりました。以前はReal Time Engineers Ltd.がFreeRTOSを提供していたのですが、現在はAmazonが取得しています。「Amazon FreeRTOS」（URL https://aws.amazon.com/jp/freertos/）はFreeRTOSカーネルをベースにしており、AWS IoT Coreなどのクラウドサービスや、AWS Greengrassデバイスなどのローカルエッジデバイスとの接続を実現するライブラリが提供されています。

「Greengrass」（URL https://aws.amazon.com/jp/greengrass/）は、2017年に一般利用開始になったAWSのサービスで、AWS Lambdaをデバイス側で実行できるようにしたサービスです。こういったクラウドだけでなく、デバイスとクラウドの間に存在するゲートウェイなどで一定の処理を行う仕組みを「フォグコンピューティング」あるいは「エッジコンピューティング」と呼びます。同様のサービスはMicrosoft Azureにも存在し、「IoT Edge」（URL https://azure.microsoft.com/ja-jp/services/iot-edge/）があります。Greengrassの発表を聞いた当時は、Greengrass Coreだけでなくエッジ（図16ではDevice）の実装もLinuxが前提だったため、あまり現実的でないソリューションだと筆者は受け止めていました。しかし、Amazon FreeRTOSとしてマイコン向けの実装が出てきた今は状況が違います。

筆者が最も期待しているAmazon FreeRTOSの機

■図14　Mbed OSのソフトウェアレイヤー

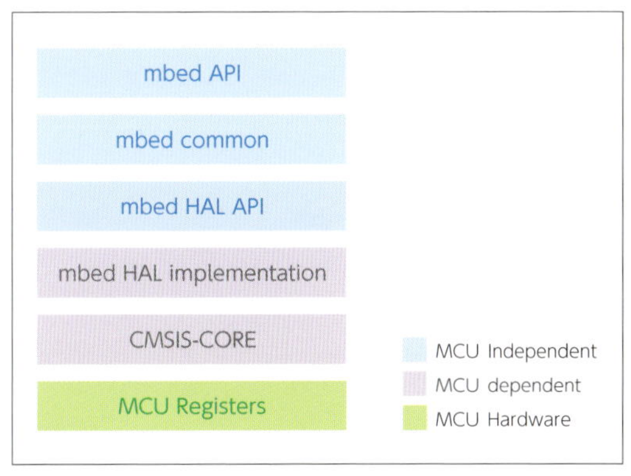

出典：https://os.mbed.com/media/uploads/emilmont/mbed_layers.png

■図15　NXPのFRDM-K64F

■図16　AWS Greengrassの仕組み

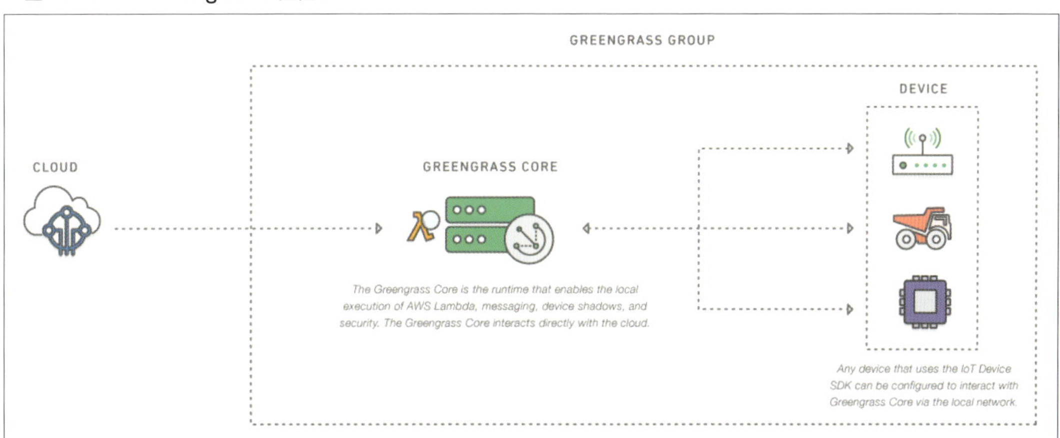

出典：https://aws.amazon.com/jp/greengrass/

能にOTA（Over The Air）アップデートがあります。署名したファームウェアのイメージをAmazon S3バケットに置くと、デバイスのアップデートが可能になるのです。IoTデバイスを大量に設置したり、アクセスしづらい場所に設置したりした場合、デバイスを設置した後にもファームウェアをリモートで更新する手段が残されているというのは大きな安心に繋がります。

現在のところ、Amazon FreeRTOSがサポートしているマイコンボード（マイコン）の種類は4種類のみで、いずれのボードのネットワークインタフェースもWi-Fiに限られています。これらについては、今後改善されていくものと見込まれます。

✚ Mongoose OS

「Mongoose OS」（URL https://mongoose-os.com）という開発環境もあります。現在、Mongoose OSがサポートしているマイコンの種類は、ESP32、ESP8266、CC3220、CC3220の4種類に限られていますが、特徴的なのは、「mJS」というJavaScriptエンジンが使用できる点です。つまりJavaScriptでの開発も可能ですし、実際に量産用のデバイスを開発するときにはC/C++も使えます。ライセンスはGPLv2ですが、商用のときには有償でライセンス条件や機能の限定を外すことができるという仕組みになっています。

OTAアップデート機能もあり、AWSをはじめとしたさまざまなクラウドへの接続をサポートしています。JavaScriptが得意な方はMongoose OSでプロトタイプを行うというのも一つの手でしょう。

✚ プロプライエタリ

ここまではオープンなものを紹介してきましたが、組み込みシステムにもプロプライエタリなツールを提供しているベンダーが数多く存在します。アメリカのWindRiver社（URL https://www.windriver.com）が開発・販売をしている「VxWorks」は特に有名で、NASAが宇宙探査機の制御ソフトウェアに採用するほどの信頼性です。

国内では、eForce（URL https://www.eforce.co.jp）の「μC3」（マイクロ・シー・キューブ）の展示をよく見ます。μC3はμITRON（マイクロ・アイトロン）仕様のRTOSで、ITRONというRTOSカーネルのサブセットです。ITRONは、日本のコンピュータ科学者によるコンピュータアーキテクチャ構築プロジェクトであるTRONプロジェクトが策定・維持しています。こういったことからITRONは日本の家電や自動車のOSとして使われてきました。μC3は日本のベンダーが供給しているので、オープンソースで苦労したくない方には良い選択肢となるでしょう。

✚ Bare Metal

ここまで、プラットフォームを紹介してきましたが、半導体メーカーは各社それぞれの製品の開発環境やサンプルコードを提供しています。提供されるのは各社独自の開発環境やAPIコードであるため、統一されたものではありませんが、そのメーカーの環境に慣れてしまえばそれなりに快適に開発ができます。半導体メーカーが出している開発環境やサンプルコードは、その会社の製品の特徴を生かすようなものになっているので、こういったツールを活用するのが近道な場合もあります。

センサーの選び方

プラットフォームや方針が決まったところで、デバイスが目的とする情報を収集するセンサーを選定していきます。どのような情報をどのようなシチュエーションで収集したいのかによって、採用すべきセンサーはさまざまです。センサーの設置方法やソフトウェアを含めて、取得したい情報を漏れなく収集するには、それなりの試行錯誤が必要になります。こういった試行錯誤の手段として、いくつかのベンダーからプラットフォームが提供されています。

✚ Grove

手前味噌ですが、デバイスのプロトタイプをするのに、最も環境が整っているのはSeeedの「Grove」（URL https://www.seeedstudio.com/grove.html）だと筆者は考えています。150種以上のセンサーやアクチュエーターのGroveモジュールが存在し、センサーとマイコンボードをハンダづけすることなく専用のケーブルで簡単に接続できます。コンセプトやデータの取り方を確認するにはこれで事足りるでしょう。Groveはケーブルでセンサーとマイコンボードを接続するので、センサーの取り付けの自由度もある程度あります（図17）。

こういった特徴から、Groveは以下の大手のクラウドサービス向けキットをはじめとして、多くの製品で採用されています。

- AWS IoT Core スターターキット
  URL https://aws.amazon.com/jp/iot-core/getting-started/
- Seeed IoT Grove Kit for Windows
  URL https://www.microsoft.com/en-us/store/d/seeed-iot-grove-kit-for-windows/8x2m9m8s7xb0
- Intel IoT Developer Kit
  URL https://software.intel.com/en-us/iot/cloud-analytics/google

■図17　Grove

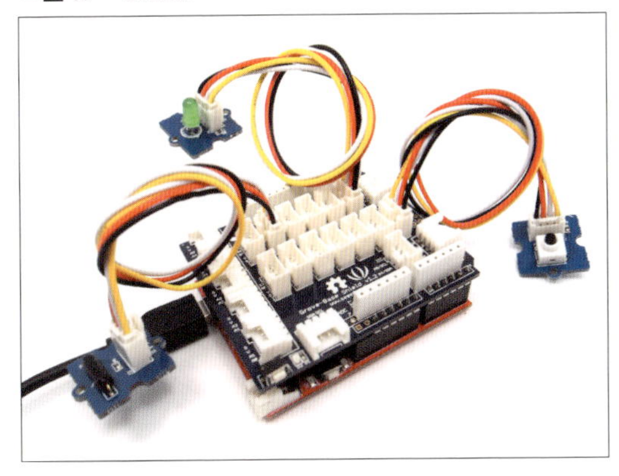

■図18　Pmodのモジュールの例

残念ながら、Groveにも欠点があります。もともとArduino向けに生まれた規格であるため、5Vと3.3Vの対応状況がわかりにくいといった問題があります。また、デジタル入出力やアナログ入出力、UART、I²Cの信号もすべて同じコネクタであるため、マイコン側の差し込むべきコネクタは調べてみないとわかりません。さらに、コスト削減のためか、あまりメジャーでないセンサーを使っているものも多いため、最新の高精度なセンサーを使いたいといった場合に既製品が見つからなかったりします。

✚ Pmod

他によく見かける規格として「Pmod」（URL http://store.digilentinc.com/pmod-modules/）があります。これはアメリカのDigilent社が作った規格です。DigilentはFPGAボードを多く出しており、FPGAボードにPmodが付いているのを多く見かけますが、他にもRenesasやSTマイクロエレクトロニクスのマイコン評価基板でも見かけます。Pmodのモジュールも数多くあり、約80種類程度ありました。

Groveのコネクタはピンが4つしかないので、より多い線の本数が必要なSPIに対応していませんが、Pmodは2X6ピンなどピン数が多いのでSPIにも対応しています。Groveと同様にPmodもプロトコルにかかわらず同一形状のコネクタであるため、使うときにはプロトコルを調べなければなりません（図18）。

Pmodは基板に直接挿すように作られているのでセンサーの設置の自由度が少ない、と筆者は考えていましたが、本稿執筆のためによく見てみたところ、延長用のケーブルが売っていました。これを使えば、比較的自由度の高い設置が可能そうです（図19）。

■図19　Pmod Cable Kit: 6ピン

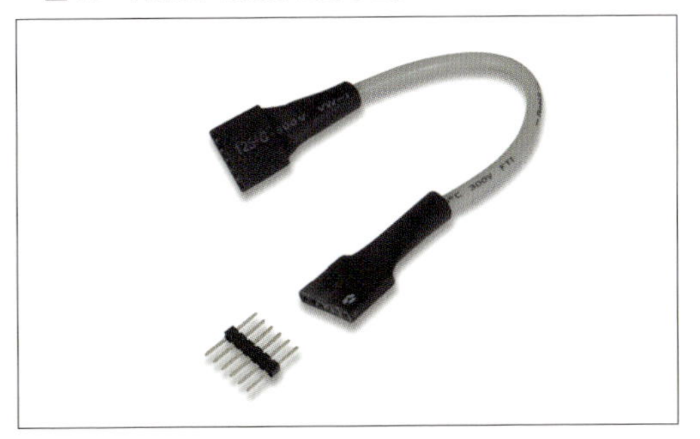

デバイスの見積もり調達の仕方

試作部品の調達

試作部品を調達する手段として一般的な方法は、ネット商社と呼ばれる商社から部品を購入することです。**表1**に代表的なネット商社をリストアップしました。メジャーな電子部品のほとんどは、これらのディストリビュータから入手できます。逆に、これらのディストリビュータのどこからも購入ができないような部品は、量産のことを考えると採用しないほうがよいとも言えるでしょう。

表1 代表的なネット商社

社名	URL
Mouser Electronics	https://www.mouser.jp
Digi-Key Electronics	https://www.digikey.jp/
アールエスコンポーネンツ	https://jp.rs-online.com/
element14	http://sg.element14.com
チップワンストップ	http://www.chip1stop.com

量産部品の調達

上では試作部品をネット商社から調達する話をしましたが、量産をするときにはネット商社ではない商社からの調達を検討することがあります。というのも、ネット商社は在庫を持ち、部品を少量から売ってくれますが、その代わりに価格が他の商社から購入する場合よりも高いためです。一般的に電子部品の商社は大量に購買をする顧客に対しては、大量購入を前提としてサポートを強化してくれたり、ネット商社よりも低い価格の見積もりを出してくれたりします。

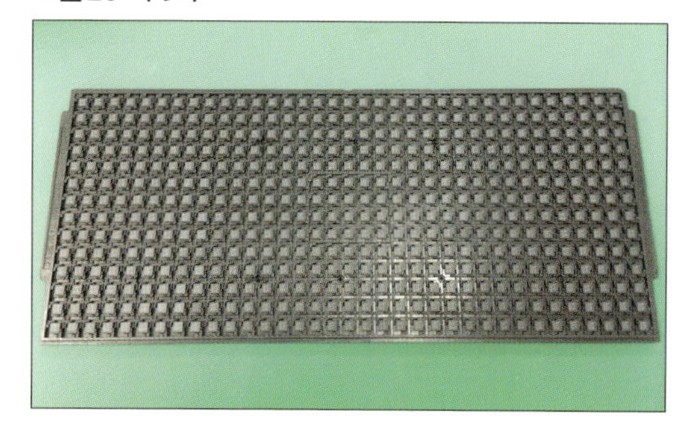

図20 トレイ

商社に問い合わせをすると、たいていの場合はアプリケーションと量産予定時期、生産予定数量の3点を聞かれます。ネット商社とは異なり、一般的に電子部品商社は在庫を持っていないため、独自の単位があります。たとえば、次のようなものです。

- MOQ（Minimum Order Quantity）：最低発注数量
- SPQ（Standard Packing Quantity）：標準梱包単位

このような単位が使われるのは、部品はトレイ（**図20**）やリール（**図21**）という形態で梱包・販売されるのが一般的だからです。リールは、部品をテープ状の梱包材に納めたものを巻いたものです。試作部品をネット商社から少量買うと、たいていはリールからテープを切り出したカットテープで納品されます（**図22**）。

マイコンなどある程度の価格帯の部品であればMOQやSPQは数百からですが、抵抗やコンデンサなどの安価な部品はリールあたり5,000個のこともあります。しかし、商社と抵抗やコンデンサで交渉をするのも面倒ですので、筆者はたいてい、量産であって

図21 リール

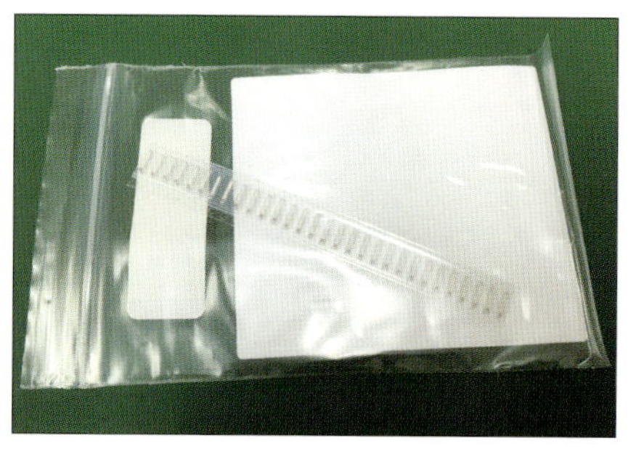

図22 カットテープ

も抵抗やコンデンサをネット商社からリール単位で買ってしまっています。

デバイスの製造の流れ

試作の仕方

デバイスや基板の設計を終えたら、試作基板の作成と部品の実装(搭載)です。日本の基板製造事業者に頼むと、それなりにコストがかかりますが、やりとりも日本語だけで済み、一般にそれなりの品質の基板が製造でき、国際配送をしないため部品も早く届きます。金額は求める基板のサイズや細かさなどにもよりますが、大体5万円以上といったところです。

もっと低コストで試作を行いたい場合は、最近では中国や台湾、韓国などの基板製造事業者に頼むことも増えています。こういった海外の基板製造事業者に製造を委託し、受け付けを日本国内でしている事業者もあります。この場合、海外の業者に直接頼むよりは若干割高になるものの、問い合わせも日本語で済みます。サービス品質も高くなる傾向にあるようです。参考までに、筆者が知っている基板製造事業者をリストにしてみました(**表2**)。

表2　基板製造事業者リスト

社名・サービス名	URL
P板.com	https://www.p-ban.com
きばん本舗	http://www.kibanhonpo.com
シグナス	http://www.signus-pcb.jp
Fusion PCB	https://fusionpcb.jp
Elecrow	https://www.elecrow.com
PCBWay	https://www.pcbway.com
Silver Circuits	http://www.custompcb.com
JetPCB	http://jp.jetpcb.com

現在では、精密な部品を実際に手ではんだづけする機会は多くありません。基板に部品を載せる(実装する)にはペースト状のはんだを基板のはんだづけしたい場所に塗り、「リフローはんだづけ」という方法ではんだづけをすることが多くなっています。リフローはんだづけは、リフロー炉(**図24**)と呼ばれるコンベアの付いたオーブンの中を、はんだを塗って部品を搭載した基板を通して加熱することではんだを融かしてくっつけるというものです。意図した場所にはんだペーストを塗るには、メタルマスクと呼ばれる、穴のあいた金属製の板でマスクをして、ヘラでマスクの上からペーストを塗ります(**図25**)。すると穴が

図23　リフローはんだづけの流れ

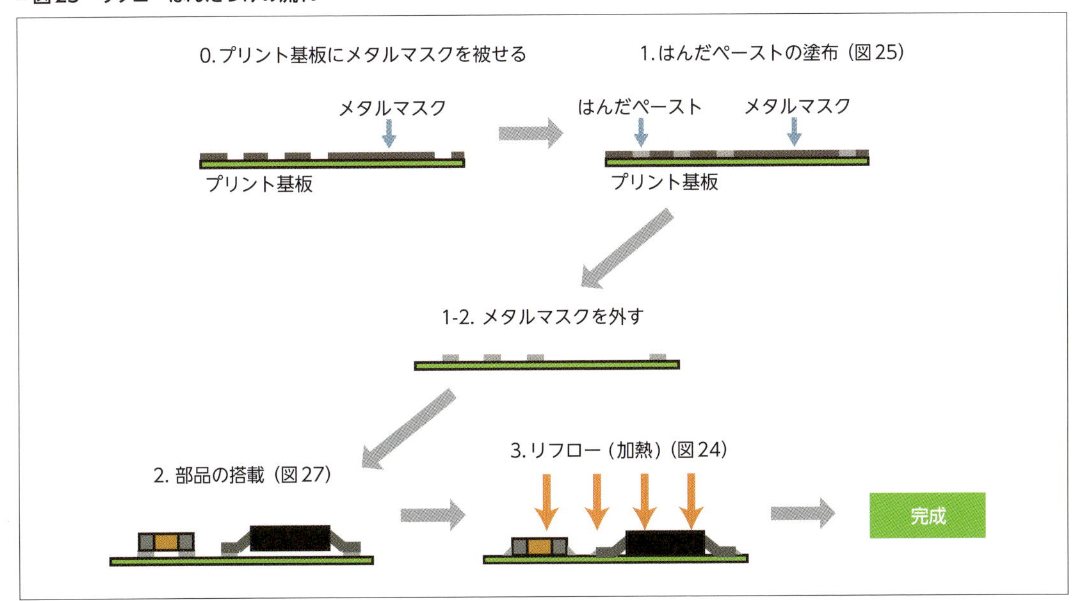

あいている場所にペーストが残ります。このメタルマスクと基板を一緒に発注しておくと、試作基板に部品のはんだづけが容易にできます。

リフローについて、先ほどコンベアの付いたオーブンで行うと書きましたが、試作プロセスでは普通の家庭用オーブントースターや、ホットプレートを使っている事業者もいます。もちろん、はんだづけに使ったトースターやホットプレートは調理用に使わないでください。筆者も昔はこれらの家電でリフローはんだづけをしていましたが、最近では基板製造事業者に部品の実装まで頼んだり、実装を専門とする事業者に頼んだりしています。海外の基板製造事業者に頼むと、搭載してもらう部品の送付に少し手間がかかったりします。

量産の仕方

量産プロセスでの作業は、試作プロセスと変わりありません。注意をしなければならないのは、試作専門の安価な基板製造事業者が作ってくれる基板の品質は安定しておらず、品質に問題があることもよくあるという点です。量産をするときにはより品質の高い基板を注文すべきです。試作で数枚を作るときには基板の製造になんらかの問題があっても発見と原因追及が容易ですが、量産をして部品を載せたあとに基板が原因となる不良があると発見が難しくムダになるコストも大きくなりがちです。

もう1つ注意が必要なのは、基板を面付けすべきだということです（図26）。はんだペーストが塗られた基板は、チップマウンタという装置（図27）で部品を搭載し、リフロー炉に向かいます（図28）。このチップマウンタのコンベアも、リフロー炉のコンベアも搬送する基板にある程度の大きさが必要です。大型の基板であれば面付けをしなくともコンベアで搬送ができますが、小型の基板の場合には面付けをしない

■図24　リフロー炉

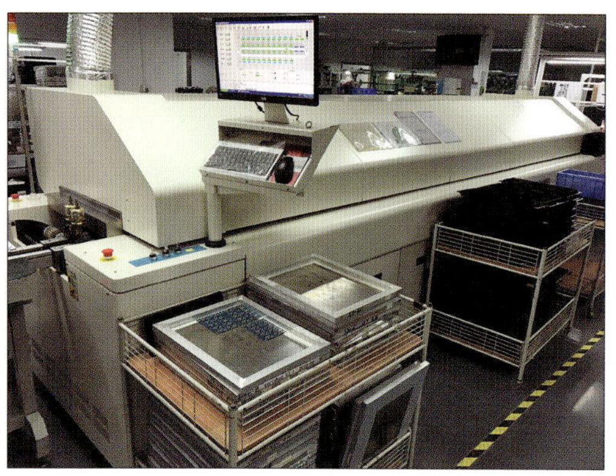

■図25　はんだの印刷

■図26　面付けされた基板

■図27　チップマウンタ

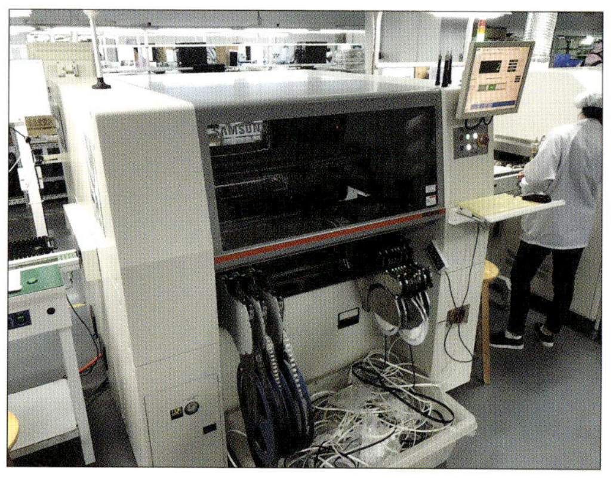

と製造装置で製造ができません。そうなると、手で部品を載せてリフローはんだづけをすることになりますので、製造コストは跳ね上がってしまいます。

試作を終え、量産に入るときには検査の手順を決めておく必要があります。量産を終えた基板は、検査しないと出荷できません。1,000台作れば1,000台の検査が必要ですので、スムーズに検査ができるように工程を検討し、テスト用の治具（検査装置）を作ったり、検査用のプログラムを書いておく必要があります（図29）。

検査工程も、先ほど述べた実装工程を依頼する事業者に依頼したほうが不良が出た場合に修正も行ってもらえますし、検査もアウトソースしたほうがよいでしょう。そうすると、検査工程はシンプルに実行できるものにすべきですし、外部の人が理解できる手順書も用意しなればなりません。

■図28　リフローに向かう基板

■図29　治具を使った検査工程

デバイスに関わる規制

デバイスに関わる規制などについても紹介しておきます。電波法や電気用品安全法については後ほど紹介しますが、この他にも外為法による輸出貿易管理（URL http://www.meti.go.jp/policy/anpo/）も場合によってはデバイスに大きく関わってきます。また、量産に当たっては、RoHS指令（有害物質使用制限指令 URL https://www.jetro.go.jp/world/qa/04J100602.html）やVCCI（URL http://www.vcci.jp/index.html）なども検討すべきでしょう。

また、デバイスに直結はしませんが、デバイスを使って行うサービスや事業の内容によって、届出や許認可が必要なこともあります。たとえば、以下に挙げているような法制度や規制については、弁護士などの専門家に相談したり、情報収集を怠らないようにしてください。

- 電気通信事業法
  URL http://www.soumu.go.jp/menu_hourei/d_shinjigyou.html
- 個人情報の保護に関する法律
  URL http://www.ppc.go.jp
- 気象業務法
  URL http://www.jma.go.jp/jma/kishou/shinsei/kentei/

電波法

日本で売っている無線を使う装置には、たいてい「技適マーク」というマークと番号が表示されています。これは「技術基準適合証明等を受けた機器」に表示されているものですが、そうでない機器も売られています。そういった表示のない機器には、「本製品は技術基準適合証明等を受けていませんので、電波暗室や電波障害を起こさない十分広い敷地・建屋内で実験を行ってください。」といった注意書きが書かれていると思います。

そもそも、技適マークが存在するのは、「電波法」という法律があるからです。電波法は、電波を利用する際のルールを定めています。人混みで無線LANが快適に使えないのは、電波を発する機器が集まりすぎて輻輳を起こしているからです。ルールに従った機器が集まっても混雑して期待するように機能しないのですから、ルールが必要であることは明らかです。

電波法では、電波を送受信する機器を操作する場合、原則として総務大臣の免許を受けなければならないと定められています。「原則として」とあるとおり、たとえば無線LANやBluetoothといった無線通信は、電波法施行規則という総務省令に定められている「小電力データ通信システム」という無線設備であれば、免許を受けなくとも利用できます。携帯電話機は、「特定無線局」という複数の無線局を包括して免許できる無線局です。この包括免許は、携帯電話事業者に対して与えられています。

電波を利用する端末を日本で利用するには、電波法等で定めている技術基準に適合していなければなりません。この基準を満たしていることを証明する方法には、技術基準適合証明と工事設計認証の2種類があります。

技術基準適合証明が機器1台ごとに証明するのに対し、工事設計認証は機種ごとに証明を行います。技術基準適合証明は、1台ごとに異なる証明番号が付与されるのに対し、工事設計認証は同一機種であれば何台でも同じ証明番号が付与されます。スマートフォンなど大量生産される無線機は、通常は工事設計認証を受けます。つまり、スマホが受けている認証は、厳密には技適ではなく、工事設計認証です。総務省の文章を見ると、技術基準適合証明と工事設計認証をあわせて「技適等」や「技術基準適合証明等」と表現しています。

個々の無線機が、電波法令で定めている技術基準に適合している無線機であることを証明するのが技適マークです。先ほど言及した「小電力データ通信システム」を例に挙げると、この技適マークが付いていることで技術基準に適合していることがわかり、無線局の免許を受けなくとも適法に使用できることもわかります。

では、電波法に違反するとどうなるのでしょうか。電波法では、懲役または罰金刑が定められています。ここで処罰を受けるものは、電波を使用した者であって、無線機の製造者や販売者ではないことに注意が必要です。このため、冒頭の「本製品は技術基準適合証明等を受けていませんので、電波暗室や電波障害を起こさない十分広い敷地・建屋内で実験を行ってください。」[注1]といった注意書きを行うだけで、販売を行っている事業者が多数存在しているのが実情です。

電波法違反の取り締まりは実際に行われており、無許可でアマチュア無線を営業目的で使用した客引きが逮捕されたり、日本の技術基準に適合していない無線機を搭載したドローンの使用者が書類送検を受けたりと、事例は数多くあります。先ほど、処罰の対象者は電波を使用した者と書きましたが、製造者や販売者が幇助の疑いで摘発を受けた事例もあります。

では、技適マークがない無線設備の実験を国内で行うにはどうすればよいのでしょうか？　平成18年3月28日に、「電波法施行規則第六条第一項第一号の規定に基づく総務大臣が別に告示する試験設備」という公示が出ています。

- 電波法施行規則（昭和二十五年電波監理委員会規則第十四号）第六条第一項第一号の規定に基づき、総務大臣が別に告示する試験設備を次のように定める。
- 電波に関する研究開発又は法及びこれに基づく命令に規定する技術基準等に対する適合性に関する試験等を行うための電波暗室その他の試験設備であって、金属遮へい体により収容され、その内部で使用される無線設備の使用周波数における漏えい電波の電界強度を四〇デシベル以上減衰させることが明らかであるもの

電界強度を40dB（デシベル）減衰させるというのは、電波の強さを電力利得で1万分の1にすることを意味します。dBは絶対的な量を表す単位ではなく、相対的な比を対数で表す単位です。利得というのは入力と出力の比のことで、電力利得は電力[注2]の入力

注1　「十分広い敷地・建屋内で実験」という点について、総務省の総合通信局に規定の有無を問い合わせてみましたが、担当者の知る限りそのような規定は存在しないという回答を得ました。日本の法律が適用される日本国内である限り、次に説明する試験設備を用意するなどの方法で技適マークのない無線設備を使用する必要がありそうです。

注2　電力は、電圧と電流の積で、W（ワット）という単位を使って表します。

と出力の比のことです。dBは対数なのでlogを使って表し、次の計算式を使います。

$$Gain = 10 \log \left(\frac{P_{out}}{P_{in}} \right) \mathrm{dB}$$

この式は、0dBのとき1倍、10dBは10倍、40dBは10,000倍といった具合に、10dB増えるごとに10倍増えていくことを表しています。逆に、−20dBは100分の1と、−10dBごとに10分の1になります。対数であるdBを使うのは、計算に都合がよいからです。対数を使えば、実数の掛け算や割り算を、足し算や引き算で置き換えられます。

40dB以上減衰させるといっても、無線設備の出す電波の強さによっては十分に微弱な電波にまで減衰させることができません。「電波法施行規則」第一章第六条一に記されているように、定められている値以下でなければならないのです。この定められた値は、総務省の「微弱無線局の規定」(URL http://www.tele.soumu.go.jp/j/ref/material/rule/)にも図示されています。この規定によると、無線LANやBluetoothで使われる2.4GHz帯の電界強度は、無線機器から3メートルの距離で測定したときに35μV/m以下であれば微弱無線局の許容値を満たしており、免許が不要になります。

電波暗室は、金属などで作られた部屋で、部屋の外からの電波の影響を受けたり、部屋の外に電波を漏らさないように作られた部屋です(**図30**)。部屋の中に電波を反射しにくい電波吸収材を貼り付け、部屋の中で電波が反射しづらいように作られています。写真の青い四角錐が、この電波吸収材です。部屋をまるごと遮蔽された空間にするのではなく、机の上に置けるようなサイズの箱のシールドボックスというものも存在します(**図31**)。

技術基準適合証明や工事設計認証に関わる試験や審査は、総務大臣の登録を受けた登録証明機関などが行います。登録証明機関には技術情報を含んだ各種書類と、テストパターンに合致する電波を出せるモードを用意した無線設備が必要になります。一般的には、メーカーや設計者でなければ、こういったものを用意することはできません。登録証明機関などは、技術基準を満たすことを試験して、問題がないと判断すると、番号を発行してくれます。

技適マークの表示については、「特定無線設備の技術基準適合証明等に関する規則」の第八条等に定められています。ここでは、表示について大きさや、材料、色彩や表示する場所などにつて、いくつか定めがあります。

最近のものでは、平成26年の総務省令によって、たとえばスマートフォンの画面に表示する方法でもよいことになりました。また、技適マーク等の適合表示を付すことが困難または不合理である特定無線設備、表示を付す面積が確保できない端末機器では、当該特定無線設備(当該端末機器)に付属する「取扱説明書及び包装又は容器の見やすい箇所」に付けてよいことになりました(**図32**)。

■ 図30 電波暗室

■ 図31 シールドボックス

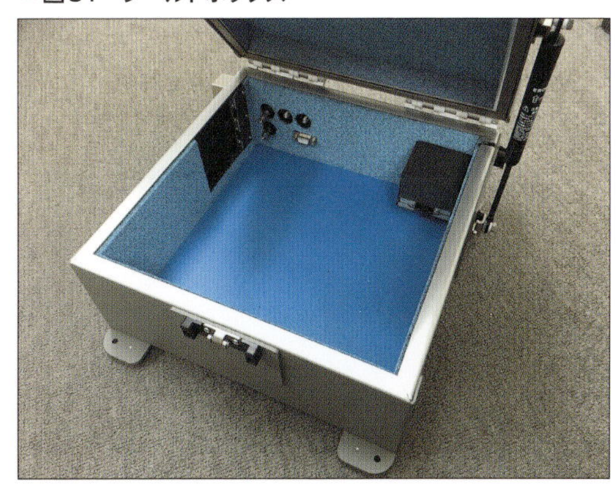

■図32 iPhoneで技適マークを表示

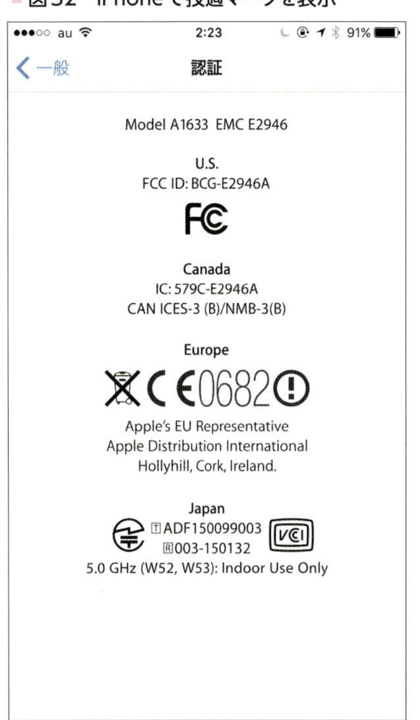

■図33 PSEマーク

出典：http://www.meti.go.jp/policy/consumer/seian/denan/file/06_guide/denan_guide_ver3.pdf

工事設計認証の場合、こういった表示については、製造者によって判断されるとのことです。個別具体に適法かどうかということを総務省に問い合わせたところ、「最終的にそれが適法かどうかは総務省が判断することではなく、裁判所が判断することである」という、言われてみれば当たり前の回答をいただいたこともあります。

法令の解釈には常に議論が伴い、適法か違法かについては裁判所が判断するものです。とはいえ、現実的には、総務省や総合通信局に相談することをお勧めします。総務省と聞くと身がまえてしまいがちですが、筆者の経験の限りでは、とても親切に応対してくださいます。

電気用品安全法

電波法は直接的には利用者の問題でしたが、電気用品安全法（URL http://www.meti.go.jp/policy/consumer/seian/denan/）は、電気用品の製造・輸入・販売などに関する規制です。簡単に言ってしまうと、コンセントに差し込む機器や単体のリチウムイオン電池などの電気製品が規制対象品で、しかるべき手続きを経て、PSEマークを対象品に表示することが電気製品の製造・輸入事業者に義務づけられています。電気用品安全法は、電気製品が原因の火災や感電などの事故から消費者を守るために施行された法律です。

PSEマークには、丸形と菱形の2種類があります（図33）。丸形は一般的な電気製品に必要なもので、輸入・製造事業者が電気用品安全法に定められた検査を行い、基準適合性を確かめたうえで表示する自己申告です。第三者機関による認証は任意になっています。一方で菱形は経済産業省が特定電気製品（URL http://www.meti.go.jp/policy/consumer/seian/denan/specified_electrical.html）に定めた製品に表示する必要のあるもので、こちらは第三者機関による認証が必須です。

繰り返しになりますが、輸入事業者にも電気用品安全法を守る義務があります。つまり、海外からPSEマーク付きのACアダプターをそのまま輸入して販売することはできません。ACアダプターは特定電気用品ですが、特定電気用品を輸入販売する場合には、登録検査機関が発行した適合証明書の副本やテストレポートを入手する必要があります。ACアダプターは、特定電気製品に定められた製品であるため、第三者機関による認証が必須です。しかし輸入事業者は製品を製造していないため、輸入する製品が適合性検査を行っていることを、このテストレポートや副本で担保するのです。

また、対象となる電気製品を輸入または製造するには、事業届出をしなければなりません。PSEマークとともに事業者名を表示するため、すでにPSEマークが表示されているACアダプターを輸入するということは考えられないのです（製造または輸入ではなく、販売のみを行うのであれば、表示を確認しなければならないだけです)。

先ほど「単体のリチウムイオン電池」という表現をしましたが、これには理由があります。たとえばスマホにリチウムイオン電池が組み込まれている場合、スマホは電気用品安全法の対象ではない機器なので、機器にPSEマークを表示することは求められていません。また、リチウムイオン電池単体についても、体積エネルギー密度が400Wh/L以上のリチウムイオン電池が規制対象であって、これにあたらないものは規制の対象ではありません。このあたりの事情については、経産省のWebページ(URL http://www.meti.go.jp/policy/consumer/seian/denan/topics.html#t1)で具体例を交えて説明されています。

このように電気用品安全法は、少し聞いただけでは全体を把握できるようなものではありません。経済産業省の「製造・輸入事業者ガイド」(URL http://www.meti.go.jp/policy/consumer/seian/denan/pse_guide.html)などでよく内容を理解したうえで事業を行うべきです。

IoT時代におけるファームウェア設計とは

1.2 ファームウェア設計

ここでは既存の設計手法よりも発展したIoT時代のファームウェア設計と実装について紹介します。その利点はどこにあるのか、そして、どのようなハードルがあるのか見ていきます。後半では、実際の設計について5つの項目を取り上げ、解説していきます

松下 享平　MATSUSHITA Kohei

はじめに

昨今はIoTのマーケットの可能性に触発されて、ArduinoやRaspberry Piだけでなく、IoTでよく使用される無線通信を最初から搭載した製品も多数登場しています。

たとえばWi-FiとBLE（Bluetooth Low Energy）をワンチップに搭載したESP-WROOM-32、スマートフォンで使われているLTE（Long Term Evolution：高速無線通信技術）のカテゴリ1という規格に対応したセルラーモデムとマイコンがワンパッケージになったWio LTEなどがあります（**図1**）。

前節でも紹介したように、プロトタイプだけでなく量産を行う場合においてもさまざまな選択肢が存在しています。

ファームウェアとは

デバイスを大きく分類してみると、「センサー素子やアクチュエータ」と「マイコン」の2つから構成されています（『IoTエンジニア養成読本』の第3章参照[注1]）。これらを調達して組み立てればIoTにおける「モノ」として利用できるかというと、やはり不足しているものがあります。マイコンがセンサー素子やアクチュエータといったデバイスを制御するためのプログラムが必要なのです。

このような、マイコン上でデバイスを動かすプログラムのことを**ファームウェア**と呼びます（**図2**）。これまでファームウェアはセンサー素子などを制御できればよかったのですが、IoT時代においてはその役割や実装の考え方についても変わってきています。本節ではIoT時代におけるファームウェアの設計や実装について解説していきます。

注1　片山暁雄、松下享平、大槻健、大瀧隆太、鈴木貴典、竹之下航洋、松井基勝（2016）『IoTエンジニア養成読本』技術評論社

■図1　マイコンとして利用可能な製品の一覧

Arduino
（アルディーノ）

Raspberry Pi Zero
（ラズベリーパイゼロ）

ESP-WROOM-32

Wio LTE
（ワイオエルティーイー）

IoT時代のファームウェア開発

ファームウェアについて見ていく前に、改めてIoTがどのようなインパクトを与えたのか再検討してみましょう。

本節ではモノが主役であるので、モノを主語とすると、IoTとは「モノの能力や価値をクラウドの力で向上させる技術」と言えます。

こういった背景を含めてIoT時代におけるファームウェアについて考えると「センサー素子やアクチュエータといったデバイスを制御」という本来の役割に加え「クラウドの力を引き出す」という役割が必要とされるわけです(図3)。

■図2 センサー素子やアクチュエータとマイコンの関係

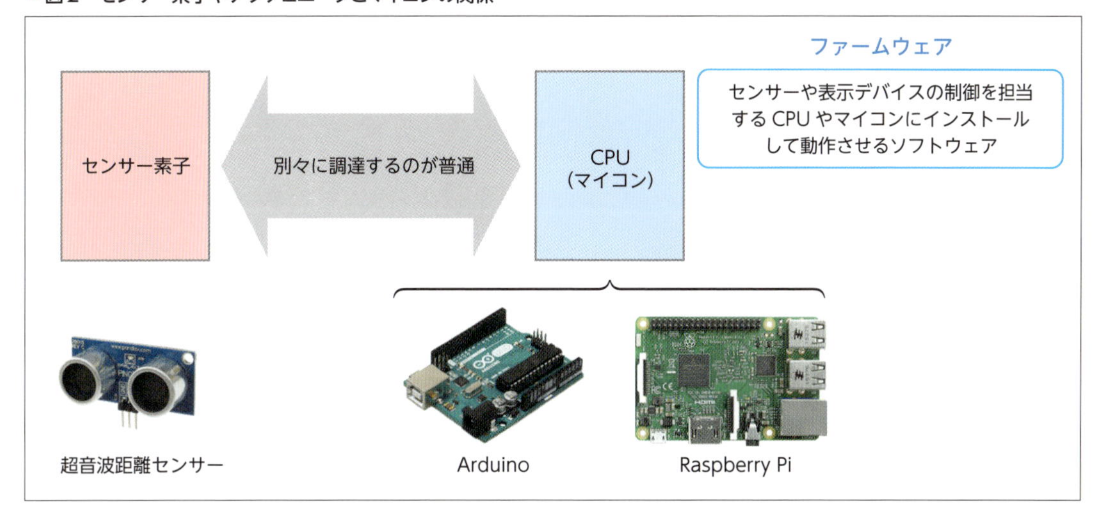

■図3 ファームウェアの役割の移り変わり

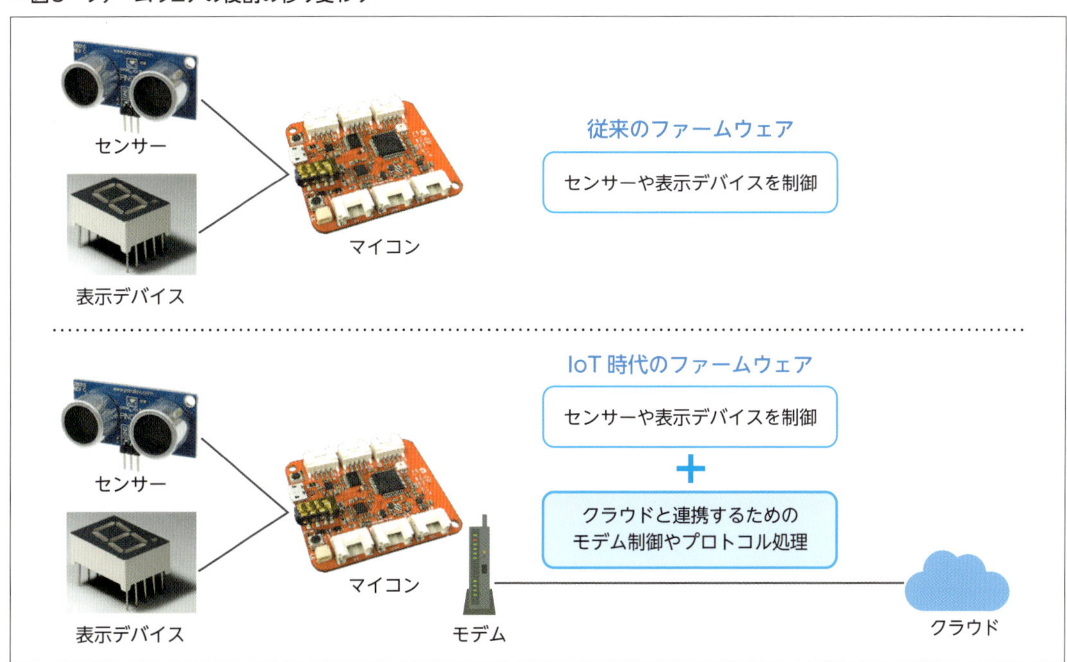

デバイスとクラウドの開発カルチャーギャップ

IoTは決まったゴールが存在しないことが多く、企画段階における目的が達成できるのか、場合によっては別の方法を探るといった試行錯誤が必要となります。そこで重要になるのが「実現までの速度」です。

さらに、ファームウェアを含めたデバイスの開発とクラウドの開発には大きなカルチャーギャップが存在します。大きくは「実装に対する考え方」と「開発サイクルに対する考え方」の2つです（図4）。

クラウドの開発は**生産性志向**です。「動くものを素早く作る」というゴールに向かって、クラウドの潤沢なリソースを背景に生産性の高いスクリプト系言語やJSONといった簡易なテキストフォーマットを活用して開発します。製品の機能追加や変更も容易なため、早ければ**1～2週間で新機能をリリースしていくスタイル**です。

デバイスの開発は**ハードウェア制約志向**です。「限られたハードウェアリソースの中で要求機能を実現する」というゴールに向かって、ハードウェア能力を最大限に引き出すことのできる低級言語やメモリ空間を有効活用できるバイナリフォーマットを駆使して開発します。生産性は低くなりがちで、出荷後の機能追加や変更が困難であることから製品の完成度を求めることもあり、新製品は**半年に1回というスタイル**です。

なぜこのようなカルチャーギャップが産まれるのでしょうか。

「出荷基準の開発」の課題

電卓を例に考えてみましょう。

電卓メーカーは数多くの顧客に使ってもらうために四則演算といった基本機能に加え、消費税計算やローンの返済計画といった計算に関する機能、時計やストップウォッチといった一見すると電卓本来の機能とは異なるさまざまな機能をファームウェアに実装することで製品価値を向上しようとしてきました。

その方針自体には間違いはないのですが、一方で従来型の電卓は出荷以降の機能の追加や変更ができません。すると開発の考え方は、出荷時までにいかに機能を実装するかという**出荷基準の開発**ということになります。

この結果、顧客が必要としているのかどうかわからない機能が実装されることがあります。先の例で言えば、時計やストップウォッチ機能です。出荷以降の情勢の変化に対応できないという課題もあります。今や恒常的な事が少ない時代です。税率や計算方法だけでなく元号や国名までも変化します。こういった

図4　デバイスとクラウドの開発カルチャーギャップ

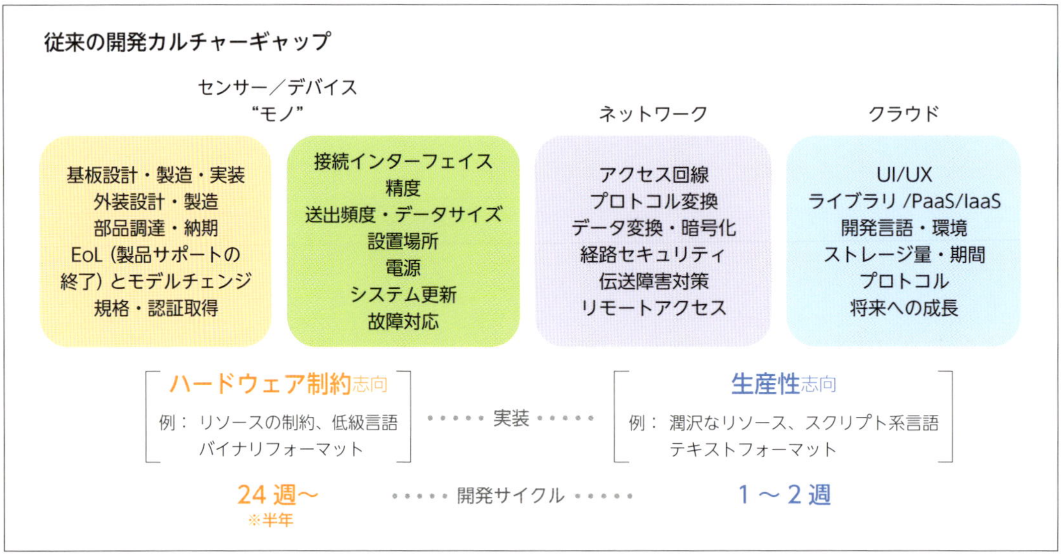

変化に対応できない、もしくは対応できるようにすると実装が増えます。そして、実装量が増えるということは製品の開発スケジュールや原価にも影響します。

「出荷基準の開発」という考え方で作られた製品は、価値を上げるために多大な時間とコストをかけて実装した機能が使われなかったり、情勢変化によって使えなくなってしまうということが起こりうるのです。

電卓はほんの一例です。カーナビや電子手帳など、みなさんのまわりにも「使ったことのない機能がある」「中身が古くなってしまって使わなくなった」そんな製品があるのではないでしょうか。

カルチャーギャップを埋める考え方

デバイスとクラウドの開発カルチャーギャップを埋めるためにはどのような考え方が必要なのでしょうか。先の電卓を例に考えてみましょう。

IoTとは「モノの能力や価値をクラウドの力で向上させる技術」ということを冒頭で紹介しました。クラウドの力を引き出すということは、すなわちインターネットに接続されている電卓ということになります。クラウドにおける機能追加や変更は容易であるため、インターネットへの接続が安定的に確保できれば、製品出荷に縛られない機能追加や変更が可能ということを意味します（図5）。

つまり、出荷までに実装する機能に対する考え方を変えることができます。まず「一番最初の顧客群」が必要としている機能とクラウドとの連携機能の2つで出荷できるようになります。税率や計算方法が変更されたとしても、インターネットを介して新たな税率や計算式を配信するだけで済みます。また、クラウドの膨大なコンピューティングリソースを背景に、電卓本体では成すことのできないユニークで複雑な計算結果を提供できます。

■図5　出荷を基準としたファームウェア開発の課題とIoT時代のファームウェアの対比

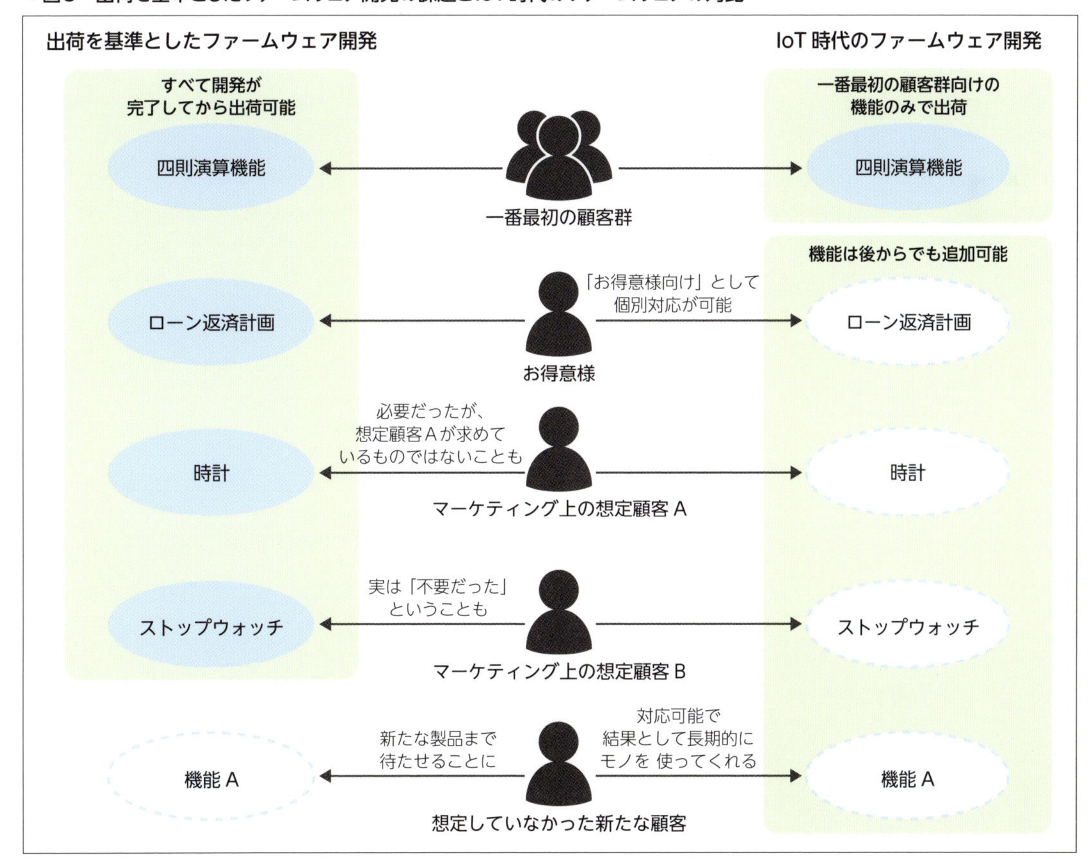

IoT時代のファームウェアが実現することは、出荷までの実装量を減少させることにより、低価格な製品をスピーディーに顧客に届けつつも、クラウドの力でモノの価値を「あとから向上」できるようにすることです。

すなわち、ファームウェアの実装を最小限にすることで開発速度を向上させてカルチャーギャップを埋めることができるのです。

すでに実現されつつあるIoT製品

プロローグでも紹介したスマートスピーカーAmazon Echoは、音声をAmazonのAI「Alexa」（アレクサ）に運び、Alexaからの結果を発声するのが基本機能ですが、それだけではありません。クラウドにはAlexaで実行することのできる「スキル」という、スマートフォンでいうアプリに相当する仕組みが登録されています。このスキルは「あとから追加」することができ、あたかもAmazon Echoという「モノ」に機能が**追加されたように見える**のです。まさにIoT時代のファームウェアによってAmazon Echo、すなわちモノ自体の価値が上がるようになっている製品です（図6）。

Amazon Echoにはすでに15,000を超えるスキルが使えるようになっており、日本向けの対応サービスだけで265を超えるスキルがあります[注2]。これを出荷基準の開発で行ったらどうなるでしょうか？ Amazon Echo本体の開発に加えて15,000以上もの機能を開発し終わってから、初めて製品として出荷することになります。

もう一例見てみましょう。こちらもプロローグで紹介したPOCKETALK（ポケトーク）というソースネクスト社が2017年10月に発表した世界50言語以上に対応している翻訳機です。肝心の翻訳のエンジン部分はPOCKETALK本体に実装されておらず、Google社が提供しているオンライン翻訳サービス「Google Translator」を代表とする翻訳サービスをクラウド上で複数利用できるようにしています。

POCKETALK本体内のOSはマイクやスピーカーといったデバイスや、Wi-Fiやセルラーモデムを介してクラウドとの通信設定や処理といった制御を行っているにすぎません。また、翻訳以外のことはできません。

しかし、翻訳機の本来の価値は対応言語と精度です。POCKETALKは通信を活用することで「**あとから**対象言語を増やしたり、より精度の高い翻訳クラウドサービスへの切り替え」を可能にし、翻訳機として

注2 URL https://k-tai.watch.impress.co.jp/docs/news/1090573.html

図6 Amazon EchoやPOCKETALKの外観と機能図

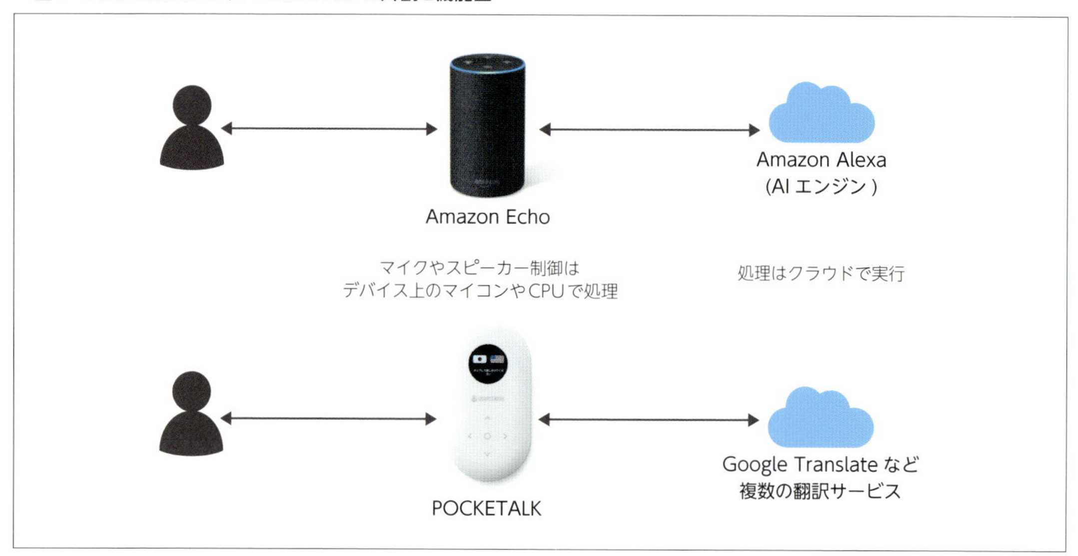

の本質的な価値向上を実現したのです。翻訳機なのに主となる翻訳機能をハードウェア本体に実装せずクラウドを活用したというのは皮肉なように思えますが、このような考え方がIoT時代ではとても大切です。

ファームウェア実装のハードル

すでに何度も紹介したように、モノが「クラウドの力を引き出す」ためには、モノがインターネットへ接続する必要があります。しかしながら、これを実現するには3つのハードルがあります。それは、「無線通信の制御」「機能の実現場所設計」「クラウドへのプロトコル対応」です（**図7**）。

ハードル1：無線通信の制御

IoTでは無線通信なしでは十分な力を発揮することはできません。歴史を振り返ってみても、固定電話から携帯電話に変わることで通信を利用するシチュエーションが大きく変わり、社会にも大きな影響を与えました。

従来の有線によるネットワークではなく、場所の制約から解放される無線通信を用いることで、IoT時代の今、センサーやアクチュエータといったデバイスの新たな活用シーンが見いだされています。

無線通信は有線による通信に比べて不安定です。通信方式や通信事業者による制約、デバイス利用場所の電波状況、ミドルウェアやアプリケーションのトラブル、通信プラットフォーム提供元の設備メンテナンスなど、さまざまな理由でネットワーク切断や通信速度の低下が発生する可能性があります。

一方、現在のファームウェア開発者はセンサーやアクチュエータといったデバイスを制御するのは得意ですが、不安定な無線通信の制御は求められる分野が異なるため実装が困難なのです。

ハードル2：機能の実現場所設計

機能の実現場所設計というのは、一見わかりづらい概念です。先ほど解説した電卓を例に見てみましょう。

旧時代の技術の結晶である電卓は、あらゆる機能を電卓本体のデバイス上に実装するしかありませんでした。しかしIoT時代のファームウェアにおいては、実装先はデバイスの他にクラウドが利用できます。そうなると、どの機能をどちらに実装するのかということを設計する必要があるのです。

電卓に「四則演算」と「ローン返済計画」という機能を実装することを考えてみると、**図8**のような組み合わせ例が考えられます。

この実装場所を決めるためにはデバイスとクラウドの得手不得手を理解して設計する能力が求められますが、これまでこの双方を同時に扱う必要性があまりなかったため、機能の実現場所設計を行えるエンジニアが皆無であるという課題があります。

ハードル3：クラウドへのプロトコル対応

IoTにおいては「モノ」がとても多くなると言われています[注3]。世界規模ではそうかもしれませんが、では読者の皆さんが携わるIoTプロジェクトにおいてモノはどのくらいになるのでしょうか？　一定の設計

注3　URL http://www.soumu.go.jp/johotsusintokei/whitepaper/ja/h29/html/nc133100.html

■図7　IoT時代のファームウェア」実装のハードル

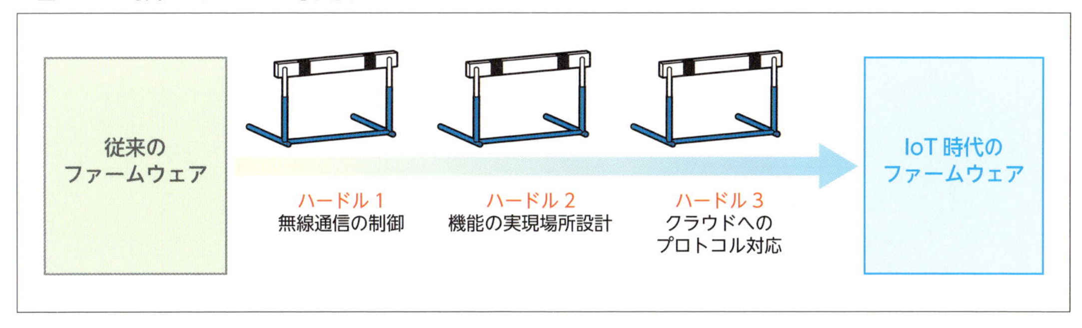

■図8　デバイスとクラウドに実装する機能の組み合わせ

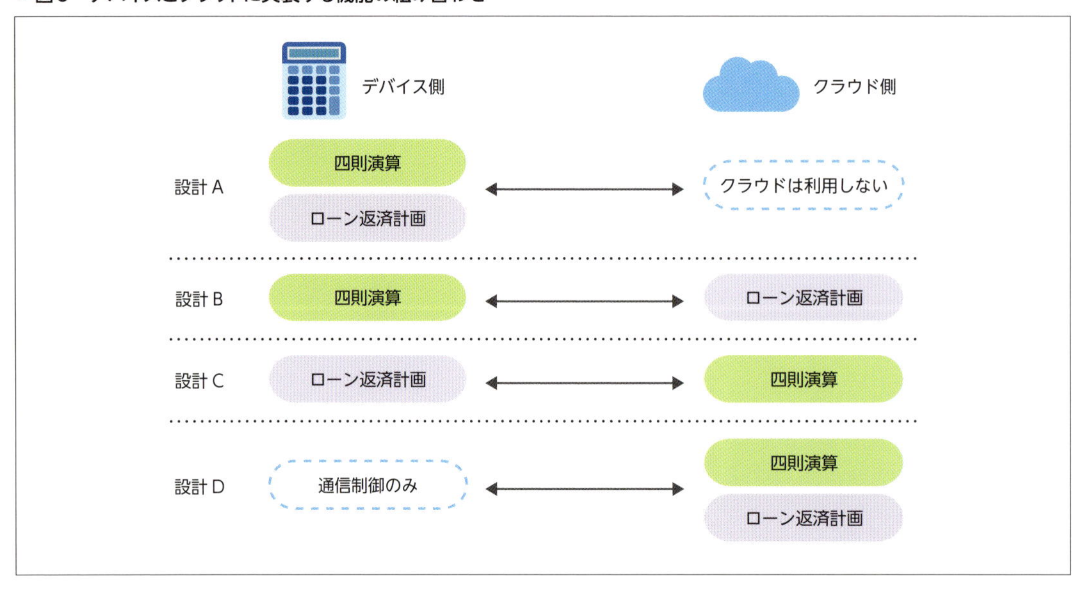

は可能ですが「やってみないとわからない」というのが実状です。設計より多くなるかもしれませんし、少ないかもしれません。またどのように成長するのかもわかりません。

そのような中で活用すべきはクラウドです。ここで「クラウド」とはIaaS（Infrastructure as a Service）のことではなく、Amazon KinesisやAzure Event Hubs、Google Cloud Pub/Subといった大量のデータを受け付けることのできる**PaaS**（Platform as a Service）を指します。

クラウドとIoTはワンセットで紹介されることが多いのですが、その理由はまさにこのPaaSサービスの活用にあります。1台からでも、モノやトラフィックが大量になったとしても、使ったら使った分だけの課金体系で利用することができ、オンプレミスやIaaSで必須となるサーバのキャパシティ設計は原則不要です。こういった理由からクラウド、特にPaaSを活用しない手はありません（**図9**）。

クラウド上のPaaSを活用するときに必要となるのが**SDK**（Software Development Kit）です。SDKは各クラウドベンダーが配付しており、基本的な内容はPaaSと通信するためのプロトコルや認証・暗号化処

■図9　新規のIoTシステム構築

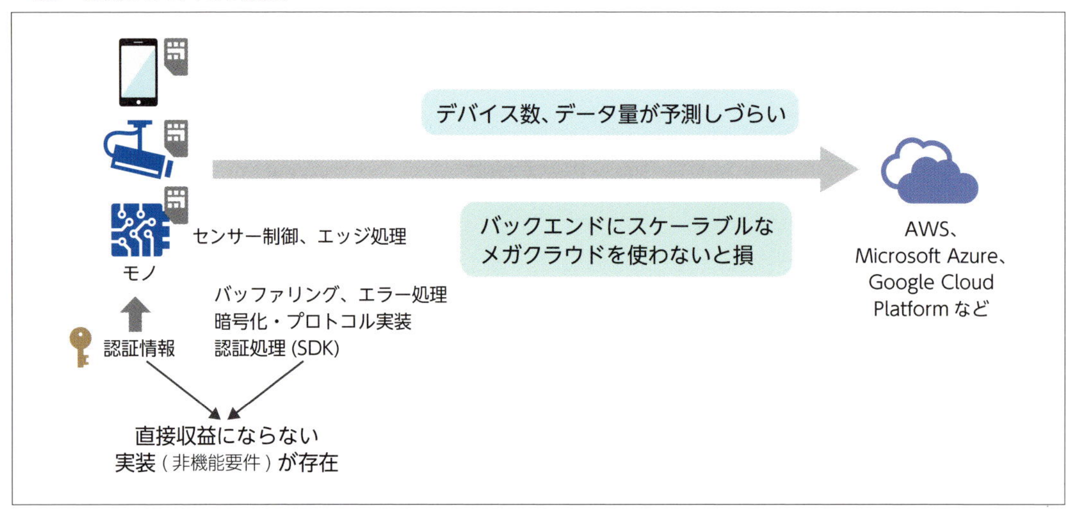

■図10　AWS IoT device SDKの動作条件

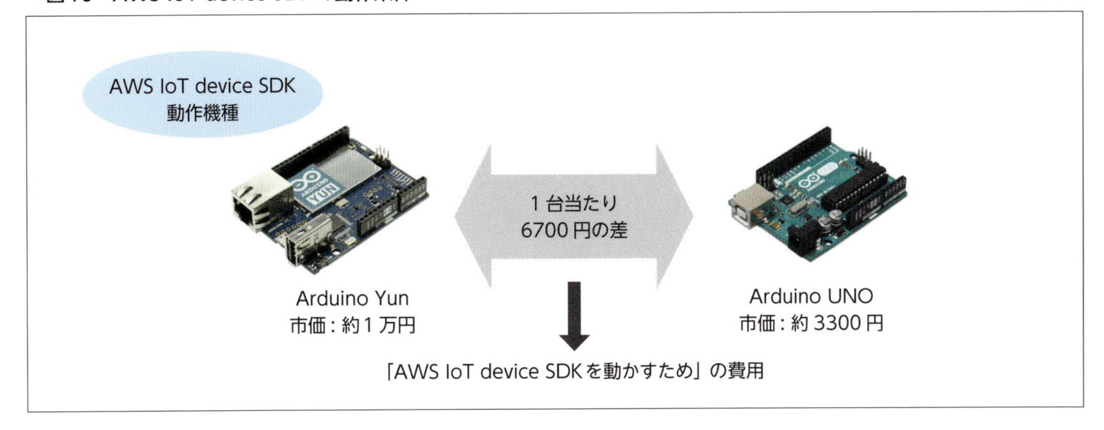

理を簡単に扱えるようにしているソフトウェアライブラリです。

SDKを利用してファームウェアを開発するには、ハードウェアの仕様がSDKの動作条件をクリアしている必要があります。たとえばPaaS製品の1つであるAWS IoT Coreとの通信を実現する**AWS IoT device SDK**は、IoTで人気のあるArduino UNO R3で動かすことができません。SDKのフットプリント（メモリの占有領域）が大きく、高速なCPUを要求する暗号化処理があるため、上位機種であるArduino Yunが動作条件となっています。このArduino YunはArduino UNO R3と比較しても1台当たり約6700円と高価なハードウェアであり、数千台レベルで展開していくとビジネス上の課題になるのは必至です（**図10**）。

このように、PaaSに対応するためSDKを導入しようとするとハードウェアが限定されることになります。この結果、利用したかったハードウェアが使えなかったり、利用できたとしても高価だったりするわけです。

新時代のファームウェア設計

ここまででIoT時代におけるファームウェア設計の利点とハードルを紹介してきました。ここからは実際の設計について5つの項目を解説していきます。

それぞれの関連性を**図11**に示します。

デバイスへ実装する機能

まず最初に検討するのは機能の実現場所です。

すべての機能をクラウドで実現することをスタートとして**必要なものだけをデバイスへ実装する**という、デバイスへの実装を最小限にする手法があります。

これは「デバイス上でのファームウェア変更はクラウドに比較して困難なのだから、最小の機能だけ実装して変更の可能性を減らそう」という考え方がも

Column

ネットワークスペシャリストやアーキテクトの不在

筆者は2017年夏にITスキル研究フォーラムが実施した「全国スキル調査」の主査として報告書をまとめました。IoT人材スキルに注目した調査（URL http://www.isrf.jp/home/event/chousa/chousa_16th.asp）でしたが、その結果「IoTネットワークスペシャリスト」ならびに「IoTアーキテクト」を担える人材が不足しているという報告をしております。本文中で紹介しているハードル1がネットワーク、ハードル2がアーキテクトの領分であり、調査結果と合致していると感じております。

これらの人材育成を進めることがIoTプロジェクトを成功させるカギではないでしょうか。

とになっています。

この手法は現代のシステム構築で用いられている「APIファースト」の考え方に似ています。UI（User Interface）のようなフロントエンドとデータベースやロジックのようなバックエンドを切り離して実装するものです注4。

この手法の利点は、お互いの修正が影響しづらく、おのおのが独立して開発しやすい点が挙げられます。特にクラウド側は顧客からの要求に応じて頻繁に修正することが予想されます。そのときにデバイス側の要因で開発速度が遅くなることは、顧客に対する満足度を低下させてしまいます。そのため、デバイスとクラウドの開発は独立しているほうが有利なのです。

では、一体どういった基準が「デバイスで必要なもの」として判断するのでしょうか。目安は**応答時間**と**恒常性**です。

✚ 応答時間

自販機であれば「ボタンを押してからチケットが出てくるまで」、通販サイトであれば「購入ボタンを押してから決済が完了するまで」と、応答時間はさまざまなところにあります。

たとえば、マイクを通して自分の声がスピーカーから戻ってくることがあります。この発声した音声がスピーカーから遅れて聞こえてくると、発声側と重なり混乱してしまうという現象が生じます。では、どのくらい遅れると混乱してしまうのかというと平均で約350ミリ秒です。この時間よりも遅く声が戻ってくるようになると、マイクを使って話すことが困難になります注5。

一方、クラウドを活用する場合は通信における遅延を考慮する必要があります。プロトコルなど条件によって応答時間はさまざまですが、地理的に近くとも20～30ミリ秒、国をまたげば100ミリ秒以上の遅延が発生します注6。この残った時間で処理を実行する必要があるわけですが、処理内容が高度になればなるほど時間内での応答は不可能に近くなっていきます。

この応答時間に対する期待値、すなわち我慢でき

注4　Atsushi Nakatsugawa (2016/12/10)「APIファーストで開発するメリットとは？」, URL https://developer.ntt.com/ja/blog/58aa2ca4-ef7c-4f50-86b6-b5758df58de6（アクセス2017-12-17）

注5　伊藤 憲三, 北脇 信彦 (1987) 会話音声の時間的特徴量に着目した遅延品質評価法, 日本音響学会誌, 公開日 2017/06/02, Online ISSN 2432-2040, Print ISSN 0369-4232, URL https://doi.org/10.20697/jasj.43.11_851, https://www.jstage.jst.go.jp/article/jasj/43/11/_article/-char/ja

注6　@toritori0318 (2016/03/8)「EC2リージョン別応答時間メモ」, URL https://qiita.com/toritori0318/items/5bd5ba7c609fda7292f6（アクセス2017-12-17）

■ 図11　設計項目の関連図

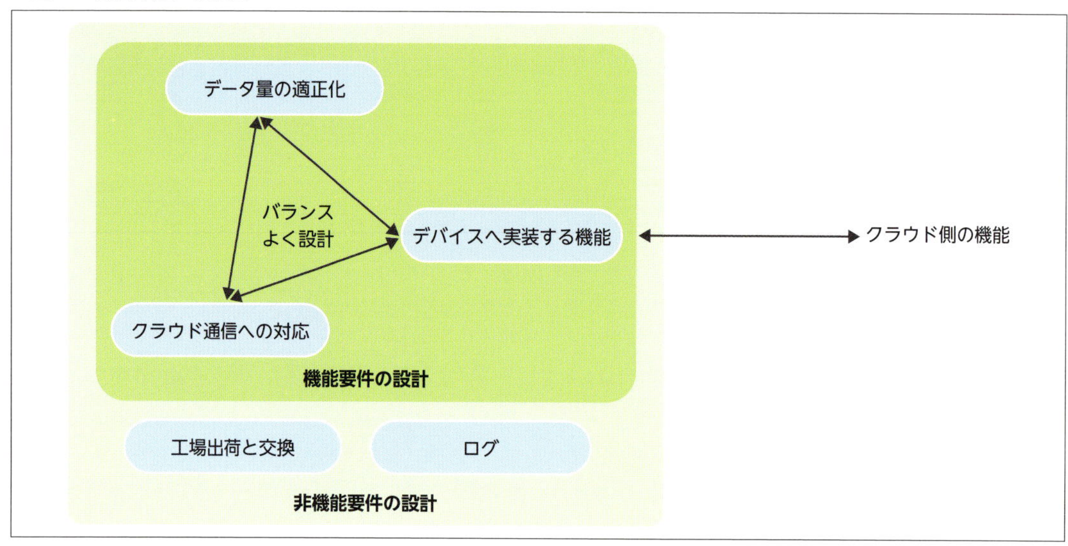

る時間はケースバイケースですが、マイクとスピーカーの例で提示した350ミリ秒というのは1つの指標として、この時間よりも短い応答時間を要求される場合はデバイス側で、それよりも待たせることが可能であればクラウド側という切り分けが可能でしょう(**図12**)。

先のPOCKETALKでは音声の入力から翻訳結果の発声まで2〜3秒程度です。同時翻訳でなくとも会話は成り立つので、この程度の遅延は問題ではありません。それ以上に対応言語や高精度なものを提供するほうが価値が高いと判断したケースと言えます。

■ **図12　応答時間による実装の目安**

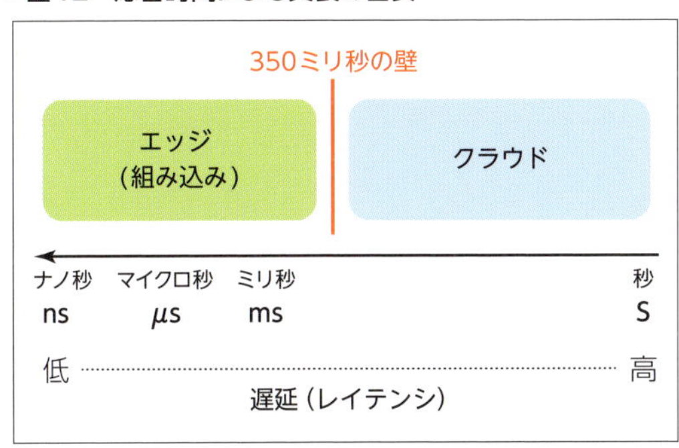

✚ 恒常性

デバイスの機能をあとから追加や変更することは難しいことはすでにご紹介してきたとおりです。そのため、出荷後でも変更されることのない機能のみをデバイスに実装するという設計が有効となります。

ハードル2で紹介した電卓を例として考えてみましょう。「四則演算」と「ローン返済計画」という2つの機能です。

四則演算は一度実装すれば恒常的と言える機能でしょう。実際のローン返済計画では金利が変動するのが普通です。パラメータ化しておけばよいかもしれませんが、法改正による計算式の変更などパラメータでは対応できない変更が後々発生する可能性があります。ただし、このようなことはいつ発生するのか予測できないため、計算式や金利といったパラメータを変更する機能を実装する必要があります。

別の設計例を見てみましょう。駐車場の使用状況を判定するケースを考えてみます(**図13**)。

車がいるかどうかを確認するのに、物体までの距離が計測できる「測距センサー」を用いるとした場合、「車の存在を判定する機能をどこで実現するか」という課題に対して、2つの設計の考え方があるで

■ **図13　判定する仕組みをことで実現するのか**

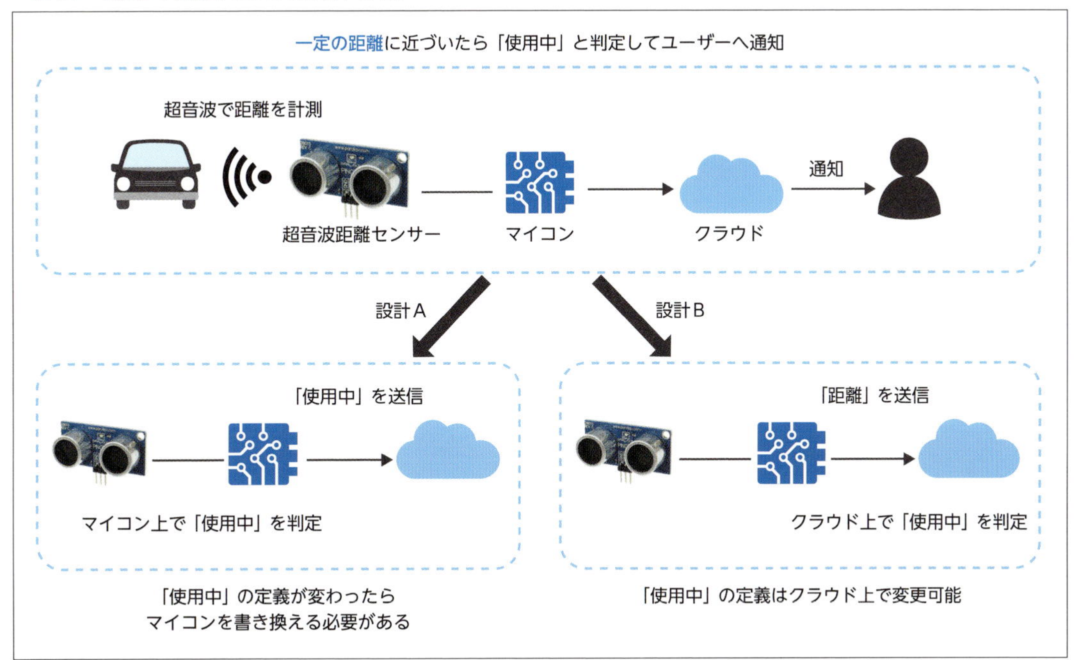

しょう。

1つ目は、測距センサーから取得できた値をもとに判定するロジックをデバイスに実装し、判定結果をクラウドへ送信する方法です。2つ目は測距センサーから取得できた値はそのままクラウドへ送信し、判定するロジックをクラウドに実装する方法です。

ここでのポイントは「デバイスの設置位置によって使用中と判定する距離が違う」ことを考慮しなければならないという点です。

1つ目の設計アプローチでは、設置作業時に使用中と判定する距離をパラメータとしてデバイスに設定する作業が必要になります。運用開始後のパラメータ調整や判定ロジックの変更は現場に行かない限りできません。

2つ目の設計アプローチでは、1つ目と同様に使用中と判定する距離を計測する必要はありますが、その距離パラメータはクラウドで設定します。そのため設置が簡便化され、運用開始後の調整や判定ロジックの変更も容易です。加えて、デバイスへの実装量を削減できるため、デバイス開発の速度も向上できるのです。

データ量の適正化

恒常的な機能のみをデバイスに実装する一番簡単な方法は、たとえばセンサーから得られたデータをそのままクラウドに送るような実装です。

実装自体はシンプルになりますが考慮する必要があるのがデータ量です。これはそのまま通信回線へのコストになります。監視用途としてカメラで取得した画像や動画を送る場合はデータサイズは大きくなります。また、温度や加速度、接点入力などから得られるテキスト化しやすいデータでさえ、台数や頻度によって爆発的に増える可能性があります。

データ量を適正化する手法は複数存在しますが、それぞれメリットとデメリットが存在します（**表1**）。

Column

エッジコンピューティング

IoTにおいて昨今話題となっているのが**エッジコンピューティング**です。エッジコンピューティングとは「処理やロジック実行をクラウドではなくデバイス上もしくはネットワーク的にデバイスに近い場所で行うアーキテクチャ」のことで、本文で紹介している恒常性のある機能のみをデバイスに実装するという手法の対極に位置する考え方といっても過言ではありません。

エッジコンピューティングというと機械学習といった高度な処理がよく取り上げられますが、本文中で紹介した駐車場デバイスにおける「判定ロジック」も立派なエッジコンピューティングです。

このエッジコンピューティングを実現するために必須ともいえる機能がOTA（Over the Air；無線通信を利用したファームウェアやロジックなどの書き換え）です。このOTAを用いることで出荷後でもデバイス内のロジックの書き換えが可能となります。OTAがなければ、従来どおりの出荷基準の開発をせざるを得ないのです。

OTAは概念であるため、動作させるには実装が必要となります。プロトコルレベルとしてはOMA（Open Mobile Alliance）が策定しているLwM2M（Light weight M2M）（URL http://openmobilealliance.org/iot/lightweight-m2m-lwm2m）や、MQTTやWebSocketのような双方向通信プロトコル上への独自実装のほかに、従来からよく使われているリモートログインの仕組みであるSSH（Secure SHell）も選択肢の1つです。

OTAだけでなくOTAを用いたロジック更新までも内包したゲートウェイ向けミドルウェアとしてAWS GreengrassやAzure IoT Edgeがあります。デバイス自体へ組み込むことのできるAmazon FreeRTOSにもOTAが搭載されるとアナウンスされています。

このようにエッジコンピューティングを実現するならばOTAを必ずサポートし、そうでない場合は本文で紹介しているような、恒常的な機能のみをデバイスに実装するという棲み分けになるでしょう。

■表1 データ量を適正化する手法

手法	メリット	デメリット
バッファリング	データの欠損を防止	バッファリングに必要なメモリ空間やデータ設計、長期のオフラインにおけるバッファメモリあふれ対策、回復時におけるトラフィック量
センサーデータの取得停止や破棄	バッファリング手法における問題を回避	データの欠損が発生する

いずれにしてもCPUによる計算が必要になるため、多かれ少なかれCPUパワーやメモリ空間が要求されます。また、集計や解析エンジンによる判定は恒常的な機能のみをデバイスに実装するという考え方から外れるため、運用のユースケースとのバランスとなるでしょう。

通信回線の利用

クラウドとの通信をどのように確保するのかというのも重要な問題です。通信の種類や特徴については第2章「IoT通信の選択肢」で詳しく解説していますが、共通して言えることは無線通信において安定的な方式は存在しません。そのため、常にネットワークの切断や速度の低下に備えなければいけません。

Column

クラウドベンダーのIoTデバイス向けソリューション

2016年頃からクラウドベンダーがIoT向けデバイスのソリューションに力を入れています。たとえばAmazonやMicrosoftが提供している製品です。

- AWS Greengrass
  URL https://aws.amazon.com/jp/greengrass/
- Azure IoT Edge
  URL https://docs.microsoft.com/ja-jp/azure/iot-edge/

読者の皆さんも、これらの名前をニュースなどでご覧になったことがあるのではないでしょうか。これらはRaspberry Piといったコンピュータにインストールするタイプのソフトウェアです。

AWS GreengrassはAWS社が2016年の冬に発表した製品です。RaspbianというOSがインストールされているRaspberry Pi上で動かすのが一般的のようです。AWS GreengrassにはAWS Lambdaと呼ばれるコード実行環境が搭載されており、センサーから得たデータをクラウドやその内部で動いているAWS Lambdaのコードにルーティングする機能が搭載されています。また、AWS Lambdaのコードやルーティング設定をクラウドから変更するOTAの機能もあり、エッジコンピューティングを実現する仕組みです。

Azure IoT EdgeはMicrosoft社のIoTデバイス向けのソフトウェアです。目的はAWS Greengrass同様にエッジコンピューティングを実現する基盤であり、機能も似ています。本稿執筆時点(2017年12月)のAzure IoT Edgeの最新版はPublic Previewであるv2ですが、v1から大幅に構成が変わりDocker上で動くようになりました。

また、第1章でもご紹介した「Amazon FreeRTOS」は、2017年冬に開催されたAWS社の年次カンファレンス「AWS re:Invent 2017」で発表された組み込み向けのRTOS (Real-Time Operating System)です。

- Amazon FreeRTOS
  URL https://aws.amazon.com/jp/blogs/news/announcing-amazon-freertos/
  URL https://aws.amazon.com/jp/freertos/

Amazon FreeRTOSは、RTOSとして定評のあるFreeRTOSに、IoT向け機能としてWi-FiやTCP/IP、TLS、MQTTといった通信機能と、エッジコンピューティングで必須なOTAを実装しています。なお、OTAは今後のサポート予定となっています(URL https://aws.amazon.com/jp/freertos/features/)。

クラウドベンダーの注目がIoTデバイスに向いていることは確かです。動作させることのできるハードウェアは少ないものの、展開次第では一気に広がる可能性もあるため、動向は注視しておきたいものです。

具体的な設計ですが、接続状況確認と再接続という2つを盛り込みます。送受信処理の直前で接続状況を確認し、切断されていたら接続処理を行い、接続後に改めて送受信処理を実行するという手順です。

実装においては「SORACOMベストプラクティスガイド」(URL https://soracom.jp/best_practice_guide/) で解説しています。

また、ネットワークが途絶しているオフライン状況下においてもセンサーからは次々とデータが送られてくることになります。そのようなデータをどのように扱うのかも設計に盛り込む必要があります。

オフライン時におけるデータ取り扱いの手法とメリット・デメリットを表2に挙げておきます。

ダウンストリーム通信

IoTにおいてはデバイスからクラウドに向けての通信である「アップストリーム通信」のほかに、クラウドからデバイスに向けた通信である「ダウンストリーム通信」が存在します。

ダウンストリーム通信においてはセキュリティの考慮が必要です。これは第4章「セキュリティ」で詳しく解説しているため、ここでは通信に絞って紹介します。

LTEや3GにおいてはデバイスにIPアドレスが割り当てられます。このため、インターネット上での技術を用いてダウンストリーム通信の設計が可能になります。コラム「エッジコンピューティング」で紹介したOTAのようなリモート管理の仕組みはこの基盤の上で動作させるため、設計は比較的容易です。

LPWA (Low Power Wide-Area network) において実用的に使うことのできるダウンストリーム通信は、たとえばLoRaWANのClass Aのようなデバイスからのアップストリーム通信を起点にダウンストリームのデータをデバイスで受信する方式になります。そのため、現在利用できるLPWAのダウンストリーム通信は、アップストリーム通信の間隔よりも短くすることができない、リアルタイム性に欠ける通信であることを設計に盛り込む必要があります。

運用面から考えるファームウェア設計

ここまでで紹介した「デバイスへ実装する機能」「データ量の適正化」「通信回線の利用」は、IoTデバイスがその役割を果たすために必要な設計ですが、実際のビジネスとして考えた際には運用を考慮する必要があります。

以下では、IoTデバイスを運用するにあたって必要な設計を紹介します。

ログ

動作の状況を記録するログはトラブルシューティングになくてはならないものですが、リソースが限られているIoTデバイスにおいてログをどのように保

図14 ログの取り扱い設計

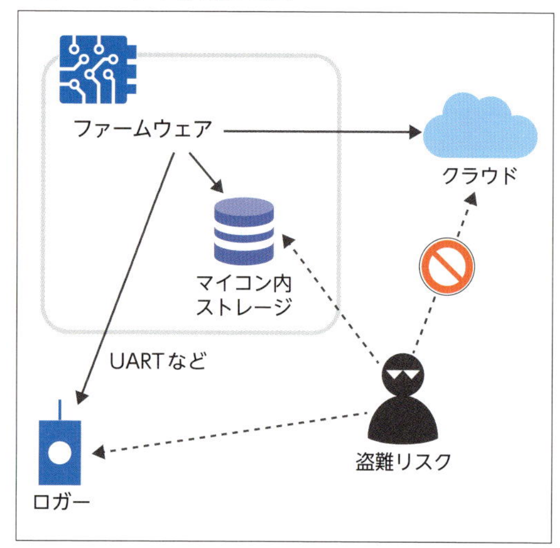

表2 データ取り扱いの手法とメリット・デメリット

手法	メリット	デメリット
バイナリ化やライブラリによる圧縮	恒常的な実装、画像や音声にも適用可能、生データを復元できる	圧縮や展開の実装が複雑になる場合、圧縮時のCPUパワーやメモリ空間、画像や音声では非可逆となるケースも
集計や間引き	圧縮よりも効率が良い場合も	生データの損失、集計や間引きロジックの変更対応、集計時のCPUパワーやメモリ空間
解析エンジンによる判定	画像や音声にも適用可能、圧縮よりも効率が良い場合も	生データの損失、解析エンジンの誤判定の可能性と設定変更対応、解析エンジン実行時のCPUパワーやメモリ空間

存するのかというのは、設計段階から盛り込んでおく必要があります(図14)。

ログ自身もいわばセンサーデータのように扱うことができます。これを最終的にログをクラウドに送るのか、それともデバイス内部に保管するのか方針を決めます。

これには一長一短があります。クラウドでログが把握できるようになれば運用は極めて便利ですが、その分ネットワークのトラフィックが発生します。デバイス内部への保管ということになればトラブルシューティングは現場で行う必要が出てきます。

あとは先に紹介したデータ量の適正化やオフライン時のデータ取り扱いの設計手法が適用できるのですが、ログというものの性格上、データ損失を防ぎつつ生データを復元できる手法が適しているでしょう。

もしデバイス内部に保管する方針であれば、デバイス内部にメモリやストレージを取り付けるだけでなく、ログ収集専用の装置(ロガー)を検討してみてください。たとえばデバイスはUART(Universal Asynchronous Receiver Transmitter:シリアル通信の一種)を用いてログを出力する処理のみを実装し、ロガーのUARTから入力し、記録していくという手法です。特徴としては、UARTは接続先の装置(この場合はロガー)の動作状況に影響されることがないため、仮にロガーがつながっていない、もしくはロガーの容量がいっぱいになってしまいロガーに異常が発生したとしても、IoTデバイス自体は動作し続けることが可能です。このようなロガーは「UART ロガー」といったキーワードで探すことができます。

ログには重要な情報が書かれていることも少なくありません。たとえばデバイス自身のキー情報だけでなく、接続先のシステムに対する認証情報といったものです。ログの盗難が機密情報の漏洩に繋がる可能性もあります。そのため、ログ出力時にマスキング(隠蔽化)を行ったり、電源断で揮発するようなRAM領域への記録、記録内容の暗号化といった設計が有効な手段となります。

✚ 工場出荷時に埋め込む情報と交換への備え

通常、出荷後の変更は困難であるため、出荷後にデバイス内部の変更が不要な設計が望ましくなります。たとえ、OTAによる内部の変更が可能だったとしてもOTAによる対象の個体認識を可能とするようユニークなID情報を持たせて出荷できるように設計すべきでしょう。

しかしながら個別の設定を行うというのは出荷作業の負担増となるため忌避されがちです。そこでハードウェアを構成されているモジュールの中でユニークなIDになるものを流用するという考え方があります。たとえば、ネットワークカードに割り当てられているMACアドレス、セルラーモデムのIMEI(International Mobile Equipment Identifier:端末識別番号)、SIMに割り当てられるIMSI(International Mobile Subscriber Identity:加入者識別番号)があります。

このユニークなIDをそのまま利用してしまうと、故障時にハードウェアを交換した際にIDを引き継ぐことができなくなります。このため、クラウド側での集計時にデータの連続性が失われるといったことが考えられます。そのため、IDを引き継げるよう自社で制御可能な設計をする必要があります(図15)。

制御可能な状態は、ハードウェアから得たIDと自社のシステムで使うIDをマッピングして参照・更新できるようにしておきます。このマッピングはデバイス側、クラウド側どちらでも実現できます。

たとえばデバイス側で実現する場合は、初回起動時にSIMからIMSIを取得し「id.txt」として保存し、以後この「id.txt」が存在したらそちらを優先的に使うという設計です。これにより故障時には交換先のハードウェアに「id.txt」をあらかじめ作っておくことでIDを引き継ぐことができます。

クラウド側で実現する場合は、デバイスからIMSIのようなハードウェアから入手できるIDを送ってもらいます。その際は受信したクラウド側システム上でマッピングシステムのようなものを参照・更新するようにしておいて、実際のIDへの読み替えられるように設計します。このマッピングシステム内部のデータを編集することでIDの引き継ぎが可能となります。

ID管理をコントロール下に置くことができれば、そこからインターネットを通じて個別設定を配信する一種のOTAのようなことも可能になるため、工場出

■図15 ハードウェアモジュールのユニークなIDをそのまま使うのではなく制御可能な状態にしておく

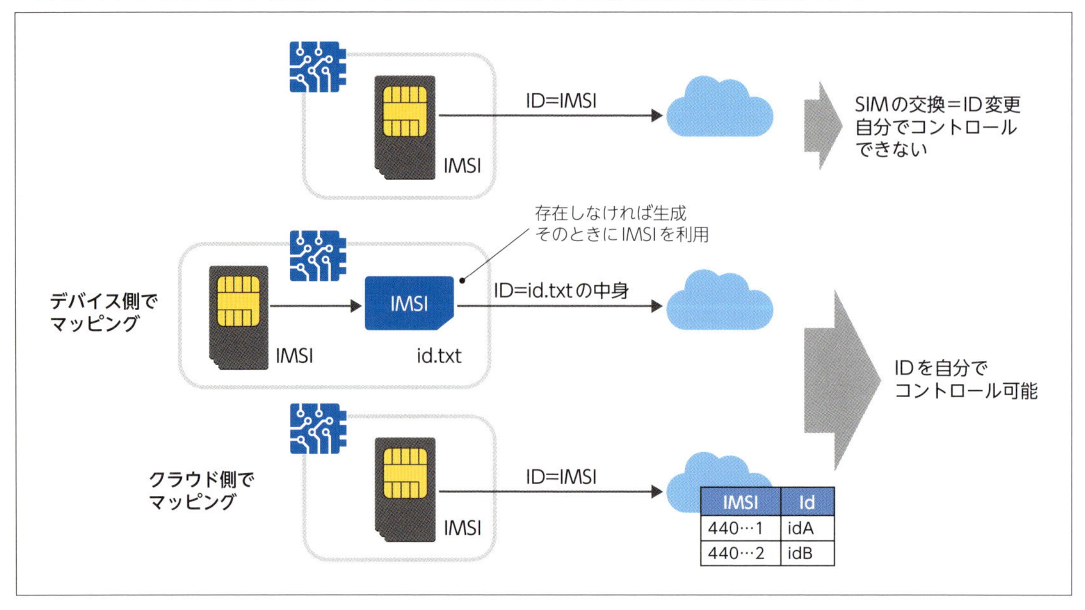

荷時に埋め込む情報を減少させられます。

おわりに

筆者は本書の姉妹書の『IoTエンジニア養成読本』でデバイスの章を担当しました。そこでは「デバイスのこれから」というセクションでデバイスの今後のあり方を解説しています。

- APIファースト／クラウドファースト
- ナローバンド／オフラインファースト
- エッジコンピューティング

今回ご紹介したAmazon EchoやPOCKETALKは、基本的にこれらの考え方を実装し、冒頭でも紹介した、IoTにおける「モノの能力や価値をクラウドの力で向上させる」ことを実現しています。

ここからわかることは、**クラウドの力なくしてモノの能力や価値を向上させることが難しい時代**が到来しているということです。ハードウェアエンジニアの独壇場だったファームウェアに対して今やクラウドベンダーも注目する領域であることがその証左です。

クラウドやネットワーク、ハードウェアに比べて、ファームウェアはまだまだフロンティアが広がっており、ファームウェアまで含めたアーキテクチャを設計できる人材はまだほんの一握りです。そのような過渡期において「IoT時代におけるファームウェア設計」を解説できた事は大変幸運だと感じています。

本章が「モノ」の価値向上に一役買えるようなことがあれば幸いです。

Column

IoT/M2M向け通信SORACOMの開発向け機能

筆者が所属しているソラコムは「IoT/M2M向け通信プラットフォーム」として、セルラーやLPWAの通信回線を提供しています。MVNO事業者という扱いですが、通信回線を低価格で提供しているだけではなく、通信回線を利用した開発や運用のしやすい環境も提供しています。

たとえば、通信回線の利用で紹介した「ネットワークが切断されたり速度低下が発生するといった状況」を作り出すのは一般的には困難です。

一方、ソラコムでは管理画面から接続履歴やネットワークの切断、速度の変更を即時におこなっていただくことが可能なため、これらの機能を使って検証することができます（**図16**）。

本稿では「クラウド側にIDマッピングの仕組みを用意する」ケースを紹介しましたが、このような仕組みを自社で準備するのは手間となります。ソラコムでは「SORACOM Air メタデータサービス」（URL https://blog.soracom.jp/blog/2015/11/27/air-metadata/）という仕組みを利用することで、IMSIに紐づいたデータをHTTPでアクセスできるため、メタデータサービスの中に「本当のID」を記載しておき、メタデータサービスを前述の「id.txt」の代わりとして利用できます（**図17**）。

このように回線費用もさることながら、IoTにおける本質的な要件以外のものも簡単に実現できる仕組みが備わっています。

■図16　SORACOMにおける接続履歴やセッション切断、速度変更の様子

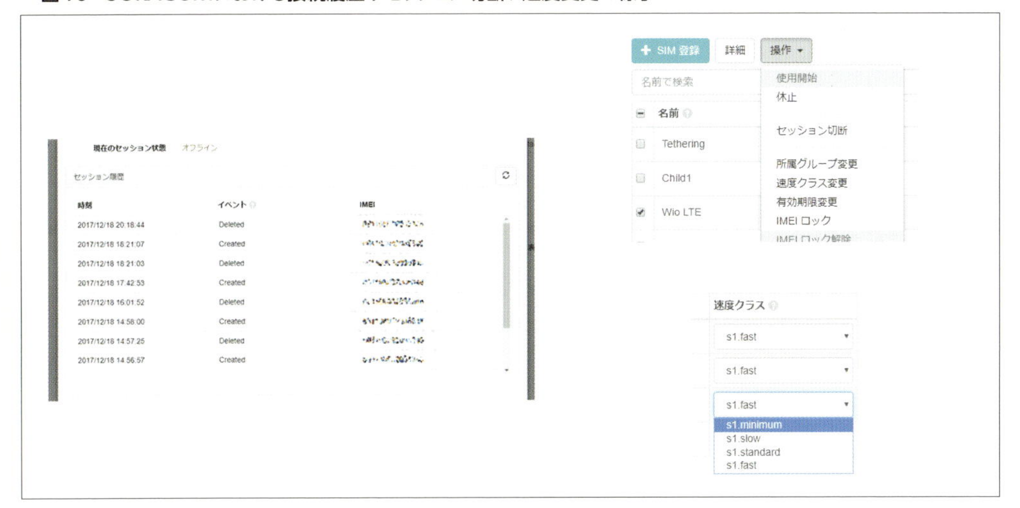

■図17　SORACOM Air メタデータサービスによるマッピングの例

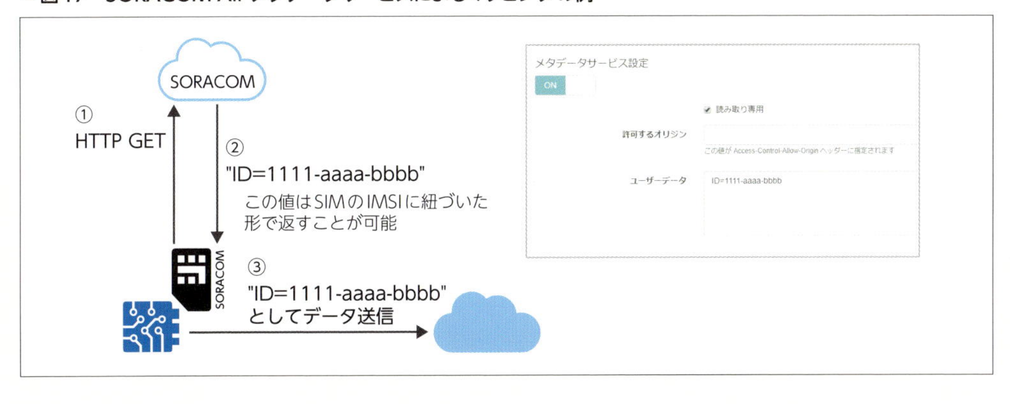

Software Design plusシリーズは、OSとネットワーク、IT環境を支えるエンジニアの総合誌『Software Design』編集部が自信を持ってお届けする書籍シリーズです。

最新刊！

養成読本編集部 編
B5判・192ページ
定価 2,180円(本体)+税
ISBN 978-4-7741-9498-1

伊藤淳一 著
B5変形判・472ページ
定価 2,980円(本体)+税
ISBN 978-4-7741-9397-7

田中洋一郎 著
A5判・360ページ
定価 2,800円(本体)+税
ISBN 978-4-7741-9332-8

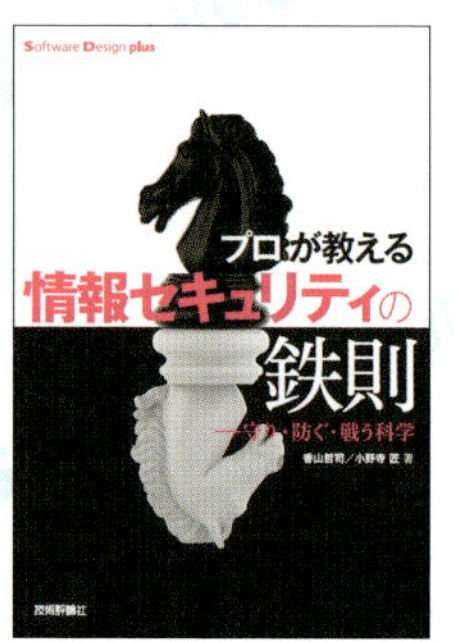

香山哲司、小野寺匠 著
A5判・176ページ
定価 2,480円(本体)+税
ISBN 978-4-7741-8815-7

星野武史 著、花井志生 監修
A5判・256ページ
定価 2,580円(本体)+税
ISBN 978-4-7741-8729-7

小川晃通 著
A5判・272ページ
定価 2,280円(本体)+税
ISBN 978-4-7741-8570-5

山本小太郎 著
B5変形判・176ページ
定価 2,480円(本体)+税
ISBN 978-4-7741-8885-0

中井悦司 著
B5変形判・272ページ
定価 2,980円(本体)+税
ISBN 978-4-7741-8426-5

前橋和弥 著
B5変形判・304ページ
定価 2,680円(本体)+税
ISBN 978-4-7741-8188-2

五味弘 著
B5変形判・272ページ
定価 2,580円(本体)+税
ISBN 978-4-7741-8035-9

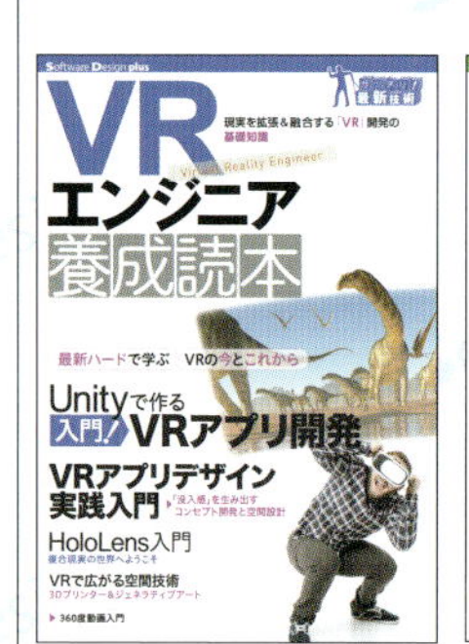

養成読本編集部 編
B5判・112ページ
定価2,180円(本体)+税
ISBN 978-4-7741-8894-2

養成読本編集部 編
B5判・192ページ
定価1,980円(本体)+税
ISBN 978-4-7741-8863-8

養成読本編集部 編
B5判・160ページ
定価2,180円(本体)+税
ISBN 978-4-7741-8895-9

養成読本編集部 編
B5判・240ページ
定価 1,980円(本体)+税
ISBN 978-4-7741-8877-5

Unreal Engine&Unityエンジニア養成読本
養成読本編集部 編
定価 2,280円+税　ISBN 978-4-7741-7962-9

Unityエキスパート養成読本
養成読本編集部 編
定価 2,480円+税　ISBN 978-4-7741-7858-5

データサイエンティスト養成読本 機械学習入門編
養成読本編集部 編
定価 2,280円+税　ISBN 978-4-7741-7631-4

C#エンジニア養成読本
養成読本編集部 編
定価 1,980円+税　ISBN 978-4-7741-7607-9

Dockerエキスパート養成読本
養成読本編集部 編
定価 1,980円+税　ISBN 978-4-7741-7441-9

サーバ／インフラエンジニア養成読本 基礎スキル編
福田和宏、中村文則、竹本浩、木本裕紀 著
定価 1,980円+税　ISBN 978-4-7741-7345-0

Laravelエキスパート養成読本
川瀬裕久、古川文生、松尾大、竹澤有貴、小山哲志、新原雅司 著
定価 1,980円+税　ISBN 978-4-7741-7313-9

Pythonエンジニア養成読本
鈴木たかのり、清原弘貴、嶋田健志、池内孝啓、関根裕紀、若山史郎 著
定価 1,980円+税　ISBN 978-4-7741-7320-7

データサイエンティスト養成読本 R活用編
養成読本編集部 編
定価 1,980円+税　ISBN 978-4-7741-7057-2

Javaエンジニア養成読本
きしだなおき、のざきひろふみ、吉田真也、菊田洋一、渡辺修司、伊賀敏樹 著
定価 1,980円+税　ISBN 978-4-7741-6931-6

JavaScriptエンジニア養成読本
吾郷協、山田順久、竹馬光太郎、智大二郎 著
定価 1,980円+税　ISBN 978-4-7741-6797-8

WordPress プロフェッショナル養成読本
養成読本編集部 編
定価 1,980円+税　ISBN 978-4-7741-6787-9

内部構造から学ぶPostgreSQL 設計・運用計画の鉄則
勝俣智成、佐伯昌樹、原田登志 著
定価 3,300円+税　ISBN 978-4-7741-6709-1

サーバ／インフラエンジニア養成読本 ログ収集〜可視化編
養成読本編集部 編
定価 1,980円+税　ISBN 978-4-7741-6983-5

技術評論社

第2章

IoTに適した通信方式
IoT通信の選択肢

前章まででIoTにおけるデバイスプラットフォームの選定方法、デバイス開発を行うにあたっての各種センサーの解説、試作から量産に製品開発を進める方法について解説しました。 本章ではデバイスで実際に取得したデータを送信するために用いるIoT通信の選択肢について解説していきます。

大槻 健　OTSUKI Ken

機械同士が繋がる世界からモノ同士が繋がる世界へ

2.1 M2MとIoT

本節では導入として、これまでのM2M (Machine to Machine) の世界とIoTの世界の通信方式について概観します。

はじめに

この業界にいると議論の種には事欠きません。早速少し脱線しますが、昔からあるM2MとIoTは何が違うのか？ この2つの言葉の定義について議論になることがあります。過去には、似たような言葉として、「センサーネットワーク」というものもありました。

M2MはMachine to Machineの名前のとおり、機械と機械が相互に繋がる世界です。ここではインターネットは必ずしも必要ではありません。一方、IoTはInternet of Thingsですから、すべてのもの（Things）がインターネットに繋がり、繋がる先はモノだけに留まらず人、データ、プロセス、ナレッジすべてが対象になります。例としてコピー機を挙げてみましょう。

- **何にも繋がっていないレガシーのコピー機（コネクティビティなし）**：トナーが切れた場合、管理者は何色が何本足りないのかを毎回調べ、故障した場合、毎回コピー会社のメンテナンスを呼ぶ必要があります。
- **社内LANに繋がっているコピー機（M2Mコネクティビティ）**：トナー消費量、死活状態については常時センシングされ、ネットワーク経由でメール・アプリなどに通知されます。また、センシングデータを可視化することで管理者はリアルタイムにコピー機の状態を把握できます。
- **インターネットに繋がっているコピー機（IoTコネクティビティ）**：コピー機のセンシングデータについては常時クラウドなどのデータベース蓄積され、可視化はもちろんのこと、蓄積されたビッグデータは深層学習によって解析されます。たとえば、特定の時期だけ印刷量が通常の3倍になる会社であればトナーが足りなくなるより前に事前に必要数を

図1　IoTにおけるシステム構成

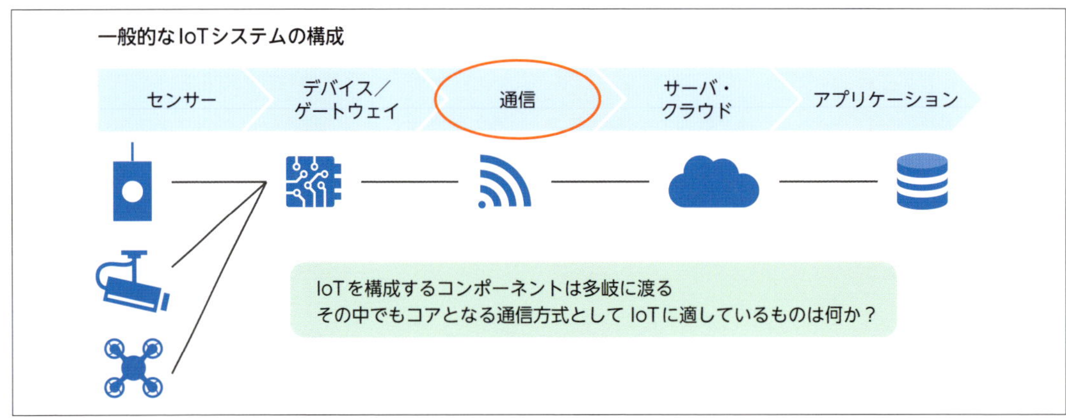

把握し、最適な数・色を発注できます。事前に発注の閾値を設け、社内購買システムと連携しておけば発注の全自動化なども可能になるでしょう。

話を元に戻しましょう。現在では他種多様な無線通信が存在していますが、本章では各種通信方式のうち「IoTコネクティビティ」を実現できるWAN（Wide Area）規格=インターネットへ繋がり、クラウド／サーバ側まで連携することができる[注1]以下の方式に絞ってご紹介します。

注1　既存のBLE、ZigBeeなどのLAN/PAN方式もIoTで利用可能ですが、インターネットへ繋がるには別の通信方式（イーサネット、セルラーのIPゲートウェイなど）を使う必要があります。これらについては姉妹書の『IoTエンジニア養成読本』で解説しているので、そちらもご参照頂ければ幸甚です。

- **セルラー**：3G、4G、5G
- **LPWAN**（Low Power Wide Area Network）
    - **アンライセンスLPWAN**：LoRaWAN、Sigfox、Sony's LPWA
    - **ライセンスLPWAN**：LTE Cat.1、Cat.M1、NB-IoT

各カテゴリを消費電力、通信距離および通信速度でまとめたものが**図2**となります。

■図2　各種通信システムの相関

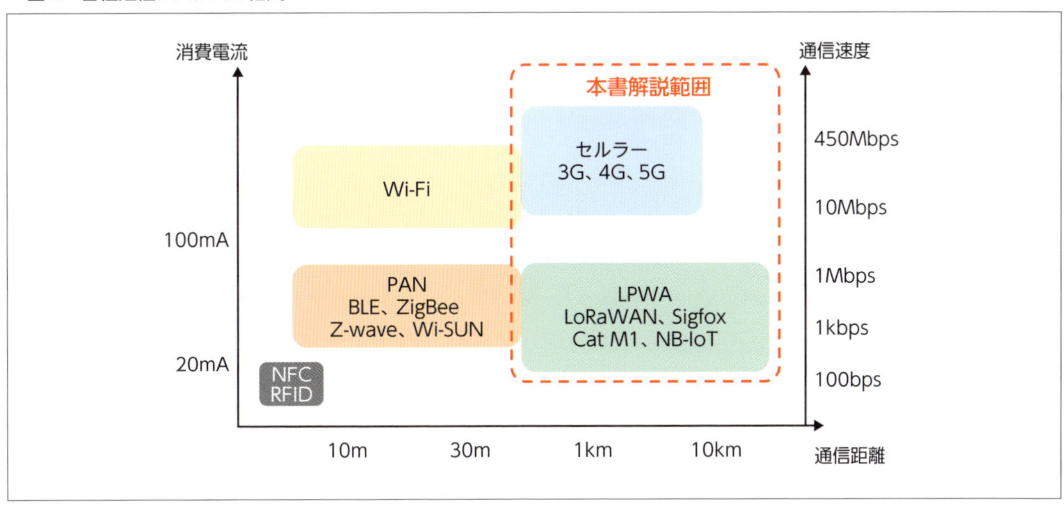

クアルコム社の躍進はここから始まった

2.2 3G (W-CDMA)

本節では第3世代携帯電話、通称「3G」の無線アクセス方式、W-CDMAについて説明します。

はじめに

3G(第3世代携帯電話)の無線アクセス方式で最もよく使われているのがW-CDMA(Code Division Multiple Access:符号分割多元接続)です。先頭のWはWide-Bandの略です。規格の策定や管理は3GPPが行っています[注1]。

システム的には第2世代でディファクトスタンダードであったGSMをベースに、米クアルコム社が中心となって開発したCDMAという無線通信方式をさらに広い周波数帯域(Wide-Band=5Mhz)で使うよう発展させたことから、このような名前になっています。

注1　3GPP：Third Generation Partnership Projectの略。3GやLTEなどの移動体通信に関する国際標準規格を策定するプロジェクト。

システムアーキテクチャ

図1に示しているように、3Gのシステムは大きくRANとCOREに分かれています。RANとはRadio Access Networkの略称で、デバイス－基地局間の無線通信部分の制御を担当します。COREとは、HLRやMSC、SGSN、GGSNなどと呼ばれる、各種交換機が制御を担当する部分となります[注2]。

注2　HLR：Home Location Register、MSC：Mobile Switching Center、SGSN：Serving General packet radio service Support Node、GGSN：Gateway General packet radio service Support Node

図1　W-CDMAのシステムアーキテクチャ

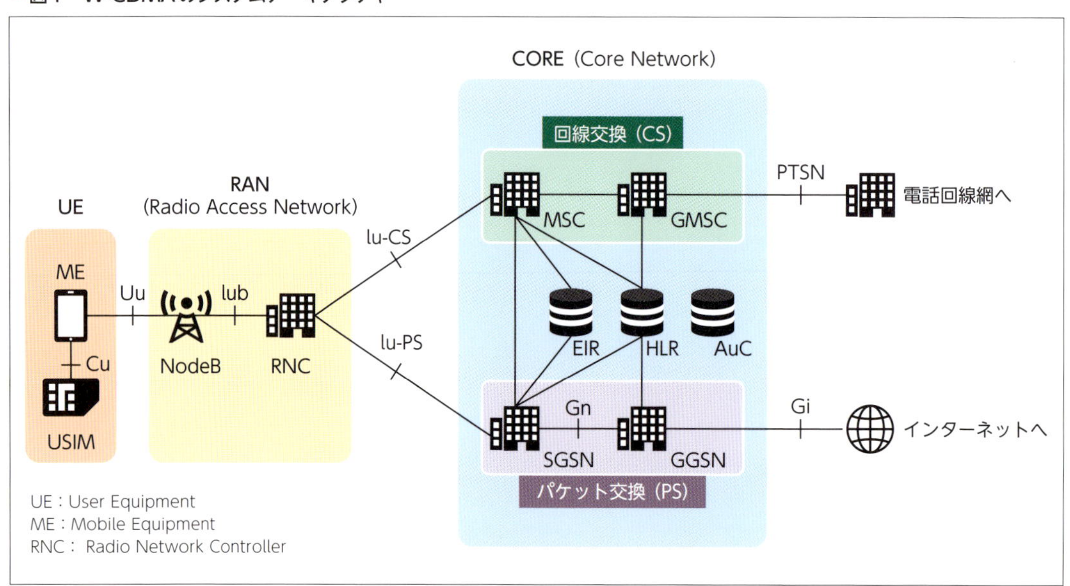

NTTドコモ、KDDI、ソフトバンクといった、RAN (基地局) やCORE (交換機) をすべて自社で持つ通信事業者を、MNO (Mobile Network Operator：移動体通信事業者) と呼びます。また昨今増えている、IIJ、OCN、ソラコムなど、自社ではすべての設備は持たない通信事業者をMVNO (Mobile Virtual Network Operator：仮想移動体通信事業者) と呼びます。MNOとMVNOでは、アーキテクチャとしては同じですが、MVNOはキャリア接続分岐点が異なります。MNOの場合はすべてをMNOが提供しますが、MVNOの場合、図のSGSN-GGSNの間のGnインタフェースと呼ばれるポイントが接続分岐点になり、GGSNより先をMVNO各社が準備して運営しています[注3]。

プロトコルスタック

3Gのプロトコルスタックは非常に複雑のため本書での詳細解説は割愛しますが、重要な点だけ記しておきます。

3Gのプロトコルスタックは大きく制御信号を司るC-plane (Control Plane) と、ユーザーデータを司るU-plane (User Plane) に分かれています (**図2**)。C-planeは実際に基地局との無線接続の確立、後述する位置登録、パケット接続を制御する「信号」の通り道、U-Planeは実際の「パケット」を通り道であるとざっくり覚えてください。

注3　最も一般的なL2接続の場合。自社で設備を一切持たず、ブランド名や料金プランだけで販売しているMVNOもあります。

■図2　CU-plane

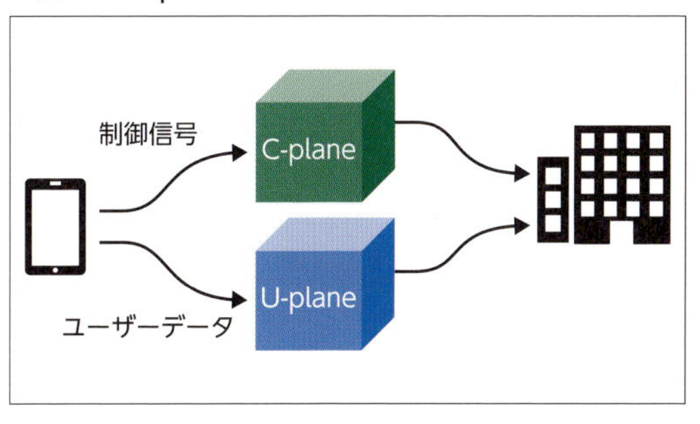

ネットワークに繋がるまで

位置登録

セルラーデバイスは移動体通信であるため、デバイスが常に移動する前提でシステムが作られています。つまり、どのデバイスがどの基地局と通信を行っているか、移動した場合はどのエリアへ移動したのかをネットワーク側は常に把握しなければなりません。そのために必ず行う処理として位置登録 (アタッチと呼びます) があります (**図3**)。セルラーにおける位置情報を一般的には「セル情報」と呼びますが、この活用方法については後述のコラムで解説します。

3Gでは音声、SMSは回線交換 (CS domain)、データ通信はパケット交換 (PS domain) と管理するドメインが分かれています[注4]。そのため、デバイスは**図4**のように無線を接続後Location Update Request (for CS domain) /Attach Request (for PS domain) という2つのアタッチメッセージを基地局であるNodeBへ送信します。NodeBはそれぞれのメッセージをHLRまで送信し、処理に問題なければデバイスが送信した位置情報がHLRに記録され、Networkはそのデバイスが現在どのセルの下で通信しているかを把握することができます。デバイスが別のセルへ移動すれば新

注4　CSはCircuit Switching (回路交換) の略で、PSはPacket Switching (パケット交換) の略です。

■図3　セルと位置登録

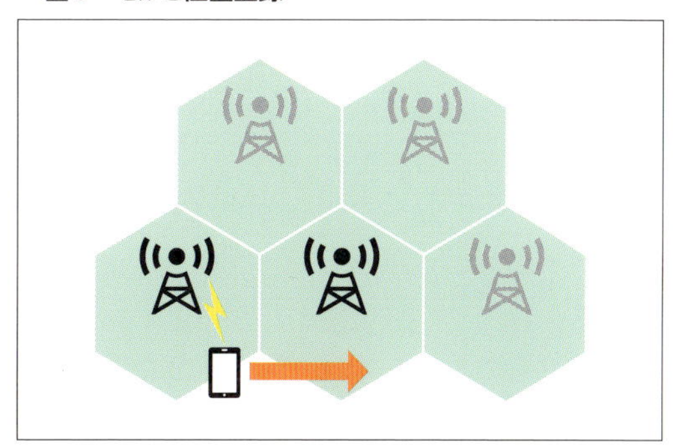

■図4 位置登録シーケンス

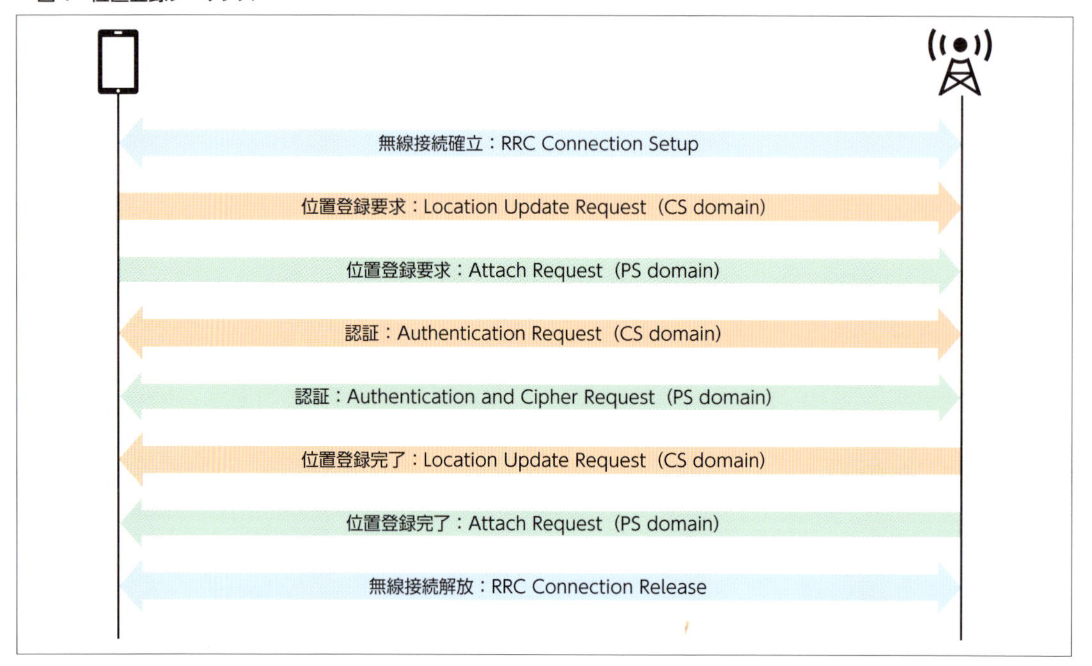

たに位置登録処理をし直すことで、常に在圏しているセル情報の同期をとることができます。

認証

セルラー（移動通信）システムはセキュリティが高いとよく言われますが、具体的に何を持って担保しているのかについて簡単に解説します。

先ほど位置登録の流れを説明しましたが、実はこのシーケンスの中にAuthenticate Requestというメッセージが出てきます。3GではAKA（Authentication and Key Agreement）というプロトコルを使って認証と鍵生成およびデータの秘匿・完全性を担保しています。

セキュアなICである「SIMカード」の中にはKiと呼ばれる認証鍵があらかじめ格納されており、HLRという加入者情報を管理する交換機と相互認証を行います。デバイスは認証後にSIMから受け取る鍵を利用して、以降の無線区間の信号をすべて暗号化します。3G自体がチップ拡散によりデジタル盗聴が困難な上、さらに各信号に暗号化をかける、認証処理も外部クラックが困難なSIMカードというセキュアICによって保護される、以上がセルラーが安全と言われる所以です。

PDP Context

さて、ここまででようやくデバイスはセルラーネットワークに接続できました。スマートフォンなどでアンテナピクトが立つようになるのは、位置登録&認証処理が成功したこのタイミングです。ただこれだけではセルラーネットワークに繋がっただけなので、実際にインターネットに出ていくにはデバイスへIPを割り当ててもらわなければなりません。そのための手順がActivate PDP Contextです。一般に「パケットを張る」「データセッションを作成」と呼ばれるのはこの手順です。

図6のようにデバイスは在圏した状態であらかじめ指定されたAPN（接続先）、ユーザー名／パスワード、IP typeなどを指定して、Activate PDP Context RequestをSGSNまで送信します。SGSNは受信したメッセージに応じて適切なGGSNを選択し、PDPコンテキストの生成要求（Create PDP Context Request）メッセージをGGSNに対して送信します。メッセージを受信したGGSNは、IPアドレスの割り当てを行います。これでデバイスにIPが割り当てられるので、あとは任意の宛先と通信が開始できるようになります。

■図5　認証シーケンス

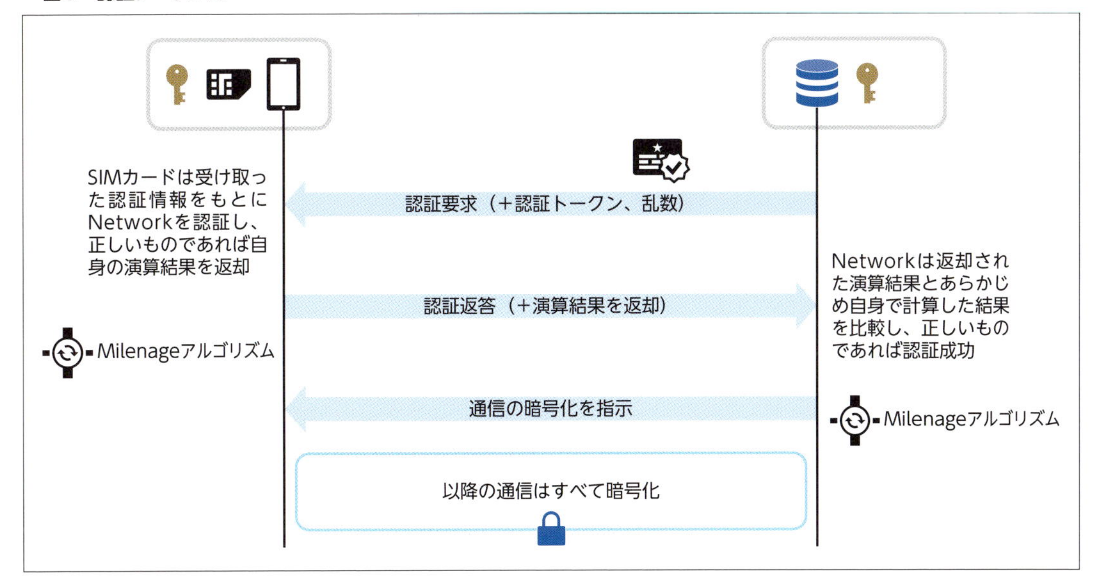

■図6　PDP Activationシーケンス

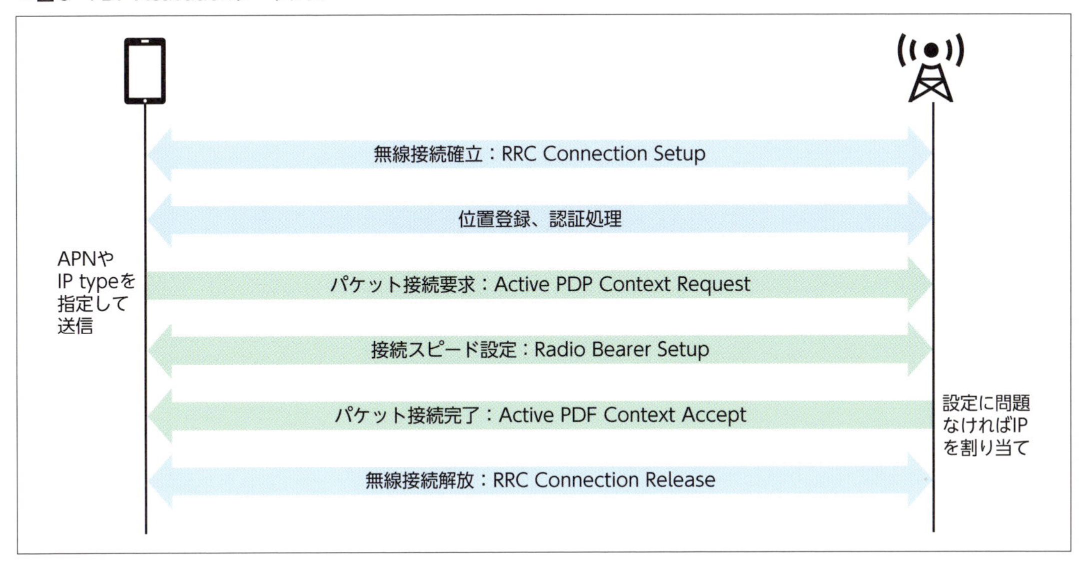

3Gはもともとパケットは常時接続（Always ONと呼びます）ではなく、必要なタイミングでセッションを張るように作られているため、位置登録とは別に必ずPDP Contextの確立が必要になることを覚えておいてください。

3Gデバイス

IoT向けの3Gデバイスとしては以下のような製品があります。モジュール、USBドングル、ゲートウェイでそれぞれ代表的なものを紹介します（図7）。

- **モジュール**：AMP5200（エーエムジャパン株式会社）
- **USBドングル**：AK-020（株式会社エイビット）
- **ゲートウェイ**：OpenBlocks IoT BX1（ぷらっとホーム株式会社）

図7　3Gセルラーデバイス

出典：ソラコム社ホームページ

セルラーの位置情報

Column

IoT機器でデータを取得する際、メインコンテンツであるセンシングデータに加えてデバイスの位置情報が求められることがよくあります。最も確実なのはGPSを利用した正確な位置測位ですが、GPS機能を追加するとコストも消費電力も増えてしまいます。そういった場合の簡易測位方法として、本節の項「ネットワークに繋がるまで」で説明した位置登録によるセル測位があります。セルの情報は実はATコマンドで簡単に取得できます。AT+CREG?コマンドを入力すると指定可能なパラメータの書式が表示されます。

```
+CREG: <n>,<stat>[,[<lac>],[<ci>],[<AcT>]
[,<cause_type>,<reject_cause>]]
```

このコマンドを使えば、実際のデバイスの位置登録状況に加えてLAC（Location Area Code）やCI（Cell Identity）などを返り値として取得できます（図8）。LACは複数の基地局を論理的にを束ねたエリアコードを指し、CIはCellIDとも呼ばれ、基地局ごとに割り振られたIDのことです。

なお、本書では3GPP標準のATコマンドを利用しましたが、利用可能なコマンドはデバイスによって異なるため注意してください。

実際に取得したLACやCellIDがどの場所に該当するかは、以下のような外部のWebサービスで調べることができます。

- Google Maps Geolocation API
- OpenCelliD

GPSほどの精度ではありませんが、おおよその位置を知るには便利な機能ですので活用されてみてはいかがでしょうか。

図8　セルIDによる測位

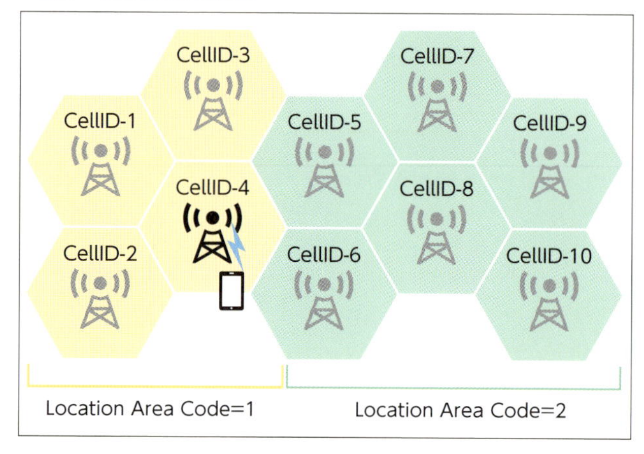

3Gと比べて格段の速さ。LTEは現在主流の通信方式

2.3 4G (LTE)

本節では第４世代携帯電話、一般に「4G」で使われている無線技術、LTE (Long Term Evolution) について説明します。

はじめに

LTEは3GPP Release.8にて2009年3月に策定されました。W-CDMAやCDMA2000のいわゆる第3世代携帯電話（3G）から発展し、第四世代を意味する4Gとも呼ばれています[注1]。下りはOFDMA（Orthogonal frequency-division multiple access）、上りはSC-FDMA（Single Carrier Frequency Division Multiple Access）という無線技術が採用されています。周波数は1.4/3/5/10/15/20MHzから選択（最大20MHz）可能で、最大スループットはUE（User Equipment：利用者端末）カテゴリによって分類分けされています[注2]。

また、昨今ではCA（Carrier Aggregation）と呼ばれる、複数の周波数帯を束ねて利用する技術、MIMO（multiple-input and multiple-output）というアンテナを複数本同時に利用する技術が登場しており、スマートフォンなどでの大容量・高速の無線通信に対応できるようになっています。

システムアーキテクチャ

LTEでは、3Gで利用されていた複雑なシステムが非常に簡素化されました（図1）。RANはeNodeB（eNB）に集約され、COREもHSS、S-GW、P-GWの構成になったことでシンプルになっています。また、従来のCS/PS domainという概念はなく、基本的にパケットベースのアーキテクチャになったことも非常に大きな変更点です。

では音声・SMSはどう処理するかというと、既存の3Gのシステムへ処理を飛ばしてしまうCSFallBack、

■図1　LTEのシステムアーキテクチャ

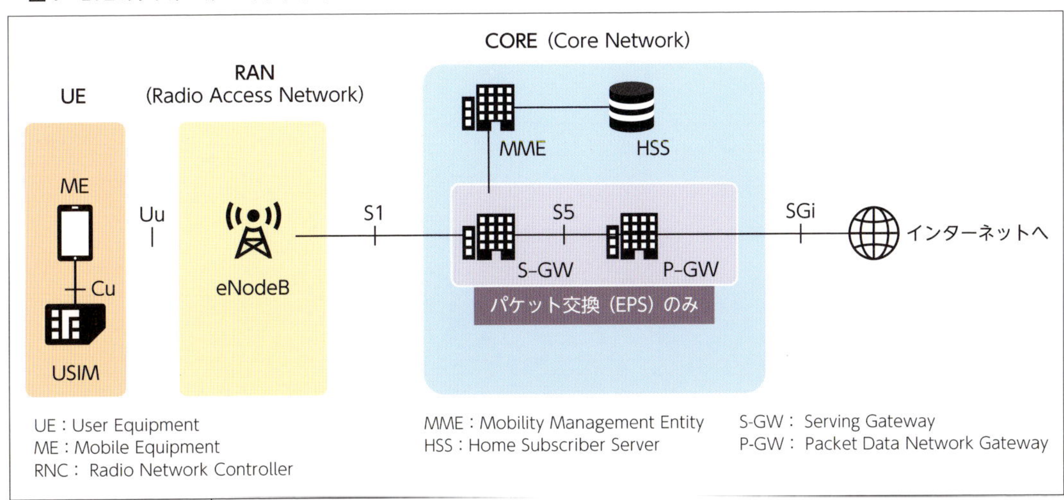

あるいはLTEのPS domain（EPSと呼びます）で音声も処理するVoLTE、SMS over IPという技術を使って実現しています。

ネットワークに繋がるまで

基本的な仕組みは同じですが、3Gでは位置登録とPDPの確立が別手順であったのに対し、LTEは位置登録とPDN（LTE版PDP）の確立を1つのメッセージで行うことができるようになりました（**図2**）[注3]。つまり、LTEはスマートフォンなどの常時IPを利用する（Always ON）ことを前提にシステムが作られているため、位置登録と同時にパケットも張ってしまおうということです。

注3　従来と同じ接続方法も使用できます。

ネットワークとの接続手順は若干異なりますが、デバイス側の実装としては3G/LTEをあまり意識して実装する必要はありません。

4Gデバイス

IoT向けの4Gデバイスとしては以下のような製品があります。モジュール、USBドングル、ゲートウェイでそれぞれ代表的なものを紹介します（**図3**）。

- **モジュール**：EC21-J Mini PCIe（Quectel）
- **USBドングル**：MN12A（三井情報株式会社）
- **ゲートウェイ**：Armadillo-IoTゲートウェイ G3L（株式会社アットマークテクノ）

図2　EPS Attachシーケンス

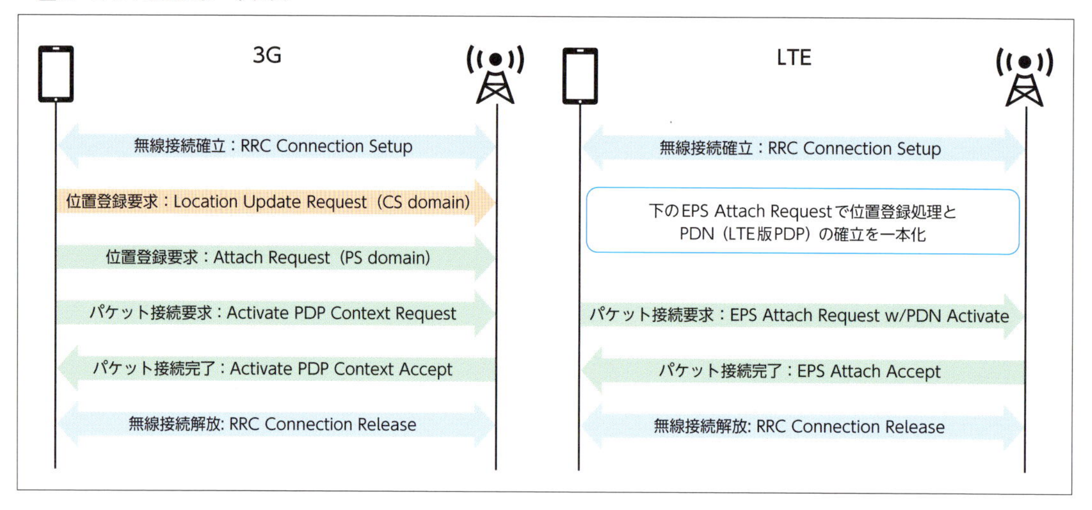

図3　4Gセルラーデバイス

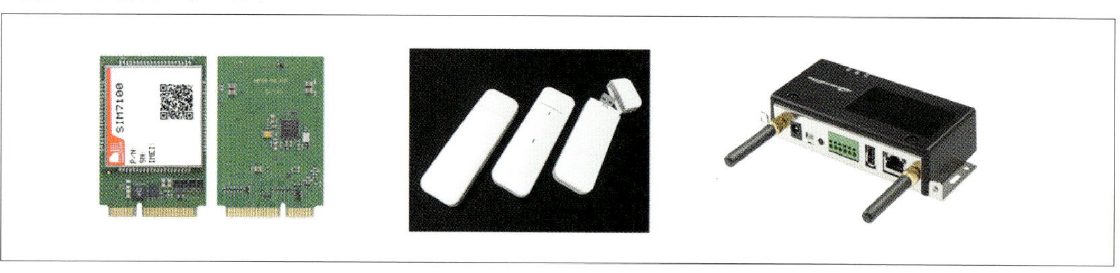

出典：ソラコム社ホームページ

2020年に利用開始予定の次世代通信

2.4 5G

2020年に向けて開発が進む第5世代移動通信システム「5G」。本節では、その現状とインパクトについて解説します。

はじめに

これまで2G（GSM）→3G（WCDMA/CDMA）→4G（LTE）と進化を続けてきたセルラー（移動通信）システムですが、現在2020年のサービス開始に向けて5Gという次世代ネットワークの策定・開発が進められています（**図1**）。

東京五輪開催の2020年には、2010年と比べてデータトラフィック量は約1000倍になるという話もあり、これらの大容量データを円滑に処理するための次世代ネットワークの構築が急務になっています。

- **高速・大容量**：数百Mbpsから10～20Gbps超へ
- **周波数効率の大幅向上**：数10GHzの高周波数帯域を用いたMassive MIMOの活用
- **超同時多接続数**：現在の約100倍へ。100万デバイスが接続可能に
- **超低遅延、高信頼性**：既存LTEの10ミリ秒から1ミリ秒へ（**図2**）
- **小電力、低コスト**：無線効率向上、機器は簡素化へ
- **ネットワークスライシング**：柔軟・最適・経済的なネットワークへ

IoTと5G

5Gでは大容量・高速化が一番の目的になっています。そのため比較的データ容量の少ないケースが多いIoTにおいて5Gの通信が必要なのかと思われるかもしれませんが、実は特定の用途においては非常にIoTとも密接な関係になると言われています。具体的には以下のようなユースケースです。

- 自動運転
- ドローン
- 遠隔医療
- 建設、工事現場

図1　セルラーシステムの変遷

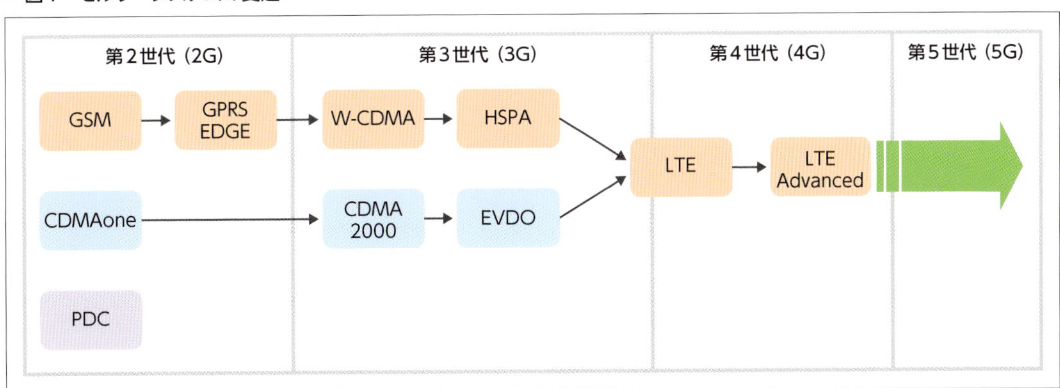

いずれも4K/8Kの大容量動画やAR（拡張現実）連携などをリアルタイムに伝送し処理するため、低遅延・高スループットが求められています。

■図2 5Gにおけるレイテンシと帯域要件

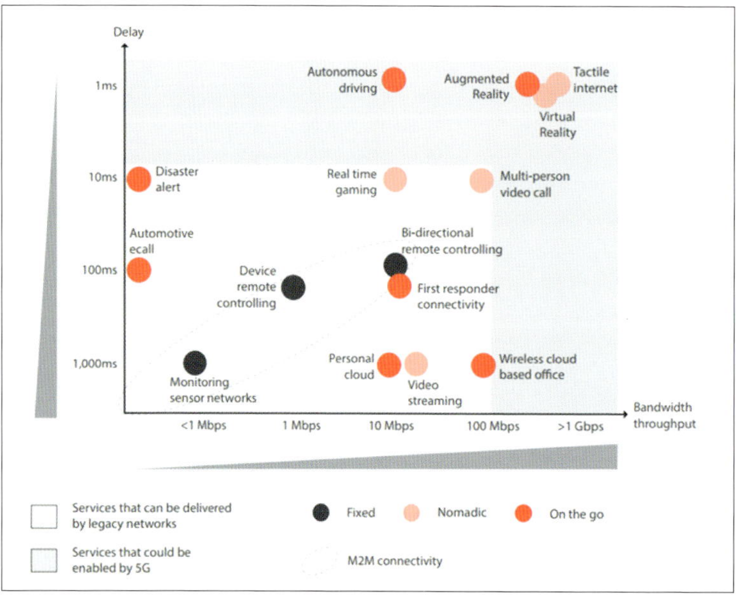

出典：GSMA Intelligence Understanding 5G
https://www.gsmaintelligence.com/research/?file=c88a32b3c59a11944a9c4e544fee7770&download

セルラー通信における再接続処理の必要性

Column

3G/4Gはどちらも無線通信であるため、何かしらの理由でPDP/PDNセッションが切れてしまうことがあります。具体的には以下の要因が考えられます。

1. MNO、MVNOの一時的な通信障害
2. 無通信監視タイマーによる強制切断

1.はネットワークの輻輳や物理的な障害で発生します。**2.**はどの事業者でもリソースの有効活用のために、一定時間以上無通信が続く場合は一度ネットワークトリガーでPDP/PDNセッションの解放（切断要求）することがあります。

このように、デバイスとしては必ずしも常時セッション接続されている保証はないため、IoTデバイスでも切断された場合の制御（自動再接続やオンデマンド再接続）ロジックをデバイス側に入れておくとより通信の持続性を担保できるようになります。

Column

対応Bandの重要性

セルラーデバイスは利用するシステム、キャリアによってデバイスがサポートすべき周波数（Band）が異なります。せっかくシステムを構築しても選定したデバイスが利用したいキャリアの周波数に対応していない or 対応不十分であれば、結果的に利用可能エリアが狭まってしまったり、十分なスループットが出なくなる可能性があります。**表1**に日本の3キャリアが運用している周波数帯域を参考までに記載します。通信モジュールには対応バンドが記載されているため、利用する通信キャリアに合わせて選定を行う必要があります。海外で利用される場合はその国、地域にあったデバイス・モデムを選定されるのがよいでしょう。

表1　3キャリアの運用周波数

Band	LTE	WCDMA (3G)
1 (2.1GHz)	docomo、KDDI、SoftBank	docomo、SoftBank
3 (1.8GHz)	docomo、SoftBank	
6 (800MHz)		docomo
8 (900)	SoftBank	SoftBank
11 (1.5GHz)	KDDI、SoftBank	
18 (800MHz)	KDDI	
19 (800MHz)	docomo	docomo
21 (1.5GHz)	docomo	
26 (800MHz)	KDDI	
28 (700MHz)	docomo、KDDI、SoftBank	
42 (2.5GHz)	KDDI、SoftBank	
42 (3.5GHz)	docomo、KDDI、SoftBank	

LoRaWAN、Sigfox、Sony's LPWA、LTE Cat.1、Cat.M1、NB-IoT

2.5 LPWAN

前節では従来のセルラーネットワークとその後継である5Gについて解説しました。本節ではIoT向け通信の本命として活用が進んでいる「LPWAN」について解説します。各社からLPWAN製品が発売されているので、その概要と特徴について見ていきます。

はじめに

LPWANはLow Power Wide Area Networkの略称で、名前のとおり、なるべく消費電力を抑えて遠距離通信を実現しようという方式になります。

従来の無線通信の考え方では長距離伝送には高無線出力、つまり消費電力は高くなり、逆に消費電力を抑える場合は無線も低出力=遠くまで飛ばないというのが一般的でした。

しかしLPWANは消費電力を抑えつつも長距離伝送を実現するという、言わば美味しいところ取りな規格になっているため、通信距離と消費電力の双方が重要になってくるIoTにおいて非常に注目されています。モバイル関連の業界団体GSMAも2022年までに50億台のデバイスがLPWANによってネットワーク接続されるであろうと予想しています（図1）。

LPWANは、大きく分けて「アンライセンス系」と「ライセンス系」とに分かれており、アンライセンス系は通信を行う時に免許は不要ですが、ライセンス系は無線局免許が必要となります。前者は無線局免許が不要なため、たとえば個人や企業レベルで運用できますが、後者は従来の携帯キャリアのように総務省から包括免許を取得して事業を運用する必要があります。

本節の前半では、アンライセンス系の代表格であるLoRaWAN、Sigfox、Sony's LPWAを取り上げます。後半ではライセンス系の代表格であるCat1、Cat M1、NB-IoTについて紹介します。

■ 図1　GSMAによるLPWANの予測

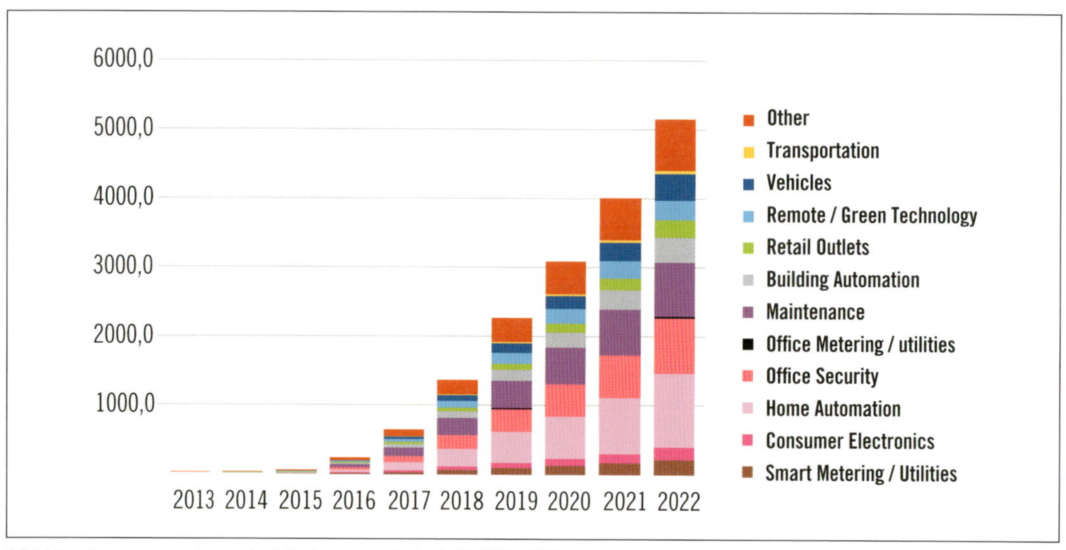

出典：http://www.gsma.com/connectedliving/wp-content/uploads/2016/10/3GPP-Low-Power-Wide-Area-Technologies-GSMA-White-Paper.pdf

アンライセンス系LPWAN

LoRaWAN

LoRaWANは、米Semtech社が中心となって策定したLPWAN規格の1つで、非常に低速ながら低消費電力で、長距離伝送できることが特徴です。その特徴により、既存のセルラー通信と並んで、IoT用途において注目されています。日本ではアンライセンスで運用できるサブギガ帯域と呼ばれる920MHz帯を利用します。

LoRaWANはグローバルかつオープンな通信方式で、技術仕様は500社を超す会社が参加する[注1]LoRa Allianceによって策定され、一般に公開されています[注2]。ヨーロッパではKPN（オランダ）やOrange、Bouygues Telecom（フランス）、アジアではSKTelecom（韓国）、アメリカではSenetやComcastなどが全国規模に展開しており、TTN（The Things Network：オランダ）のような草の根パブリックネットワークの展開も非常に活発です。

LoRaWANの特徴をまとめると、以下のようになります。

注1　2017年12月執筆時点
注2　2017年10月にLoRaWAN specification v1.1がリリースされましたが、本書は現在日本で一般的に利用されているv1.0.2仕様をベースに解説しています。

- 広域通信（数km）
- 低消費電力（数10mA程度）
- 常にDevice主導の通信（Uplinkから通信開始）
- 低データレート（1通信あたりのデータ量は11～242バイト）
- マルチホップ機能はなし
- IPではなくDevaddr（32ビット）で管理

無線機能には、スペクトル拡散通信の一種であるチャープ拡散方式を利用しており、SF（Spreading Factor）と呼ばれる拡散率を変更することでプロセスゲインを得ることができます。送信距離は規格上は2～10km程度です。送信時の電力は数10mA程度で、広域通信できる既存セルラーに比べて10分の1程度の低消費電力を実現しています。マルチホップで煩雑なルーティング制御をするのではなく、できるだけ無線性能（無線感度）を上げて、P2Pでも長距離通信を可能にするという設計思想になっています（**図3**）。

表1　消費電流比較

種別	消費電力
LoRaトランシーバ　SX1276	20～30mA（送信時）
セルラーモデム　UC20	600mA
参考：発光ダイオード（LED）	20mA

出典：http://www.mouser.jp/pdfdocs/sx1276_77_78_79.pdf
http://www.quectel.com/UploadFile/Product/Quectel_UC20_UMTS%20HSPA_Specification_V1.7.pdf

図3　SFと無線感度の相関

データレート（DR）	設定	スループット（bits/s）
0	LoRa: SF12 / 125kHz	250
1	LoRa: SF11 / 125kHz	440
2	LoRa: SF10 / 125kHz	980
3	LoRa: SF9 / 125kHz	1760
4	LoRa: SF8 / 125kHz	3125
5	LoRa: SF7 / 125kHz	5470
6	LoRa: SF7 / 250kHz	11000
7	FSK: 50kbps	50000
8-15	RFU	

受信感度
スループット

✚ システムアーキテクチャ

LoRaWANのアーキテクチャは**図4**のようになっていて、主にDevice-Gateway-Network Serverという3部で構成されています。よくDeviceとGateway（基地局）だけあれば使えるイメージを持たれがちですが[注3]、実際にはNetwork serverというコアネットワークが、パケットのルーティングやデータの暗復号等を処理しており、ここを各ネットワーク提供事業者が提供しています。2.1節で説明したセルラーネットワークのHLRのように、加入者情報（LoRaWANの場合はデバイスの固有識別子や鍵）を格納しておくのがNetwork Serverの役割です。

注3　Device-Gateway間だけで完結する方法もあります。この方式は一般的にはLocal LoRa/変調LoRa方式等と呼ばれます。無線部分は同じ（変調部分はLoRa）ですが、Layer2以上のプロトコルスタックやネットワークアーキテクチャは異なるためLoRaWANとは区別されます。

✚ プロトコルスタック

LoRaWANは、PHYレイヤとMACレイヤで構成されます。2016年10月のLoRaWAN Specification v1.0.2では、AS923と呼ばれる920MHz帯域を使った規定が追加され、日本を含むアジア11か国の周波数対応が完了しました。アプリケーションレイヤはLoRaWAN Specificationでは規定されていないため、任意のアプリケーションを実装できます（**図5**）。

✚ LoRaWAN Class

図5に示しているように、LoRaWANのプロトコルスタックには3つのClassが存在しています。

Class Aが実装必須クラスであり、現在世界各国で使われているユースケースのほとんどはClass Aです。すでに述べたように、デバイスからUplinkの通信を開始し、その後、RX1、RX2という2つの受信スロットを使ってDownlinkのパケットを受信します

■図4　LoRaWANのアーキテクチャ

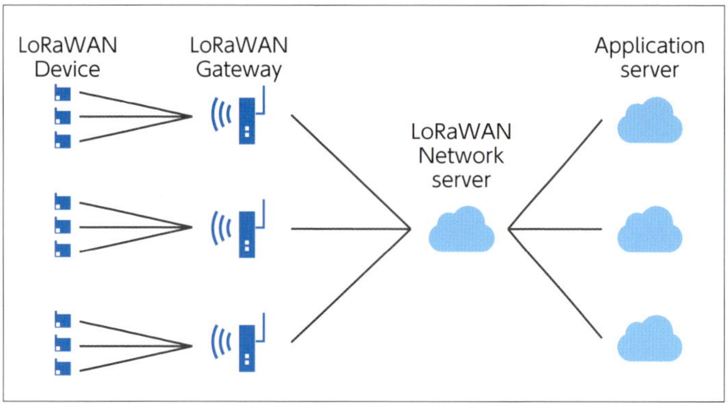

■図5　LoRaWANプロトコルスタック

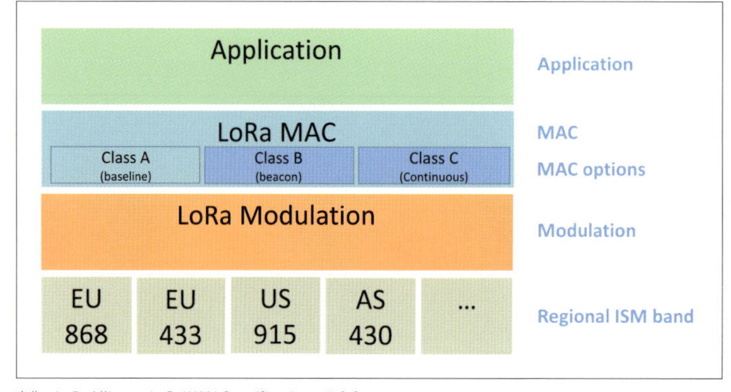

出典：LoRaAlliance LoRaWAN Specification v1.0.2

図6 LoRaWAN Class A

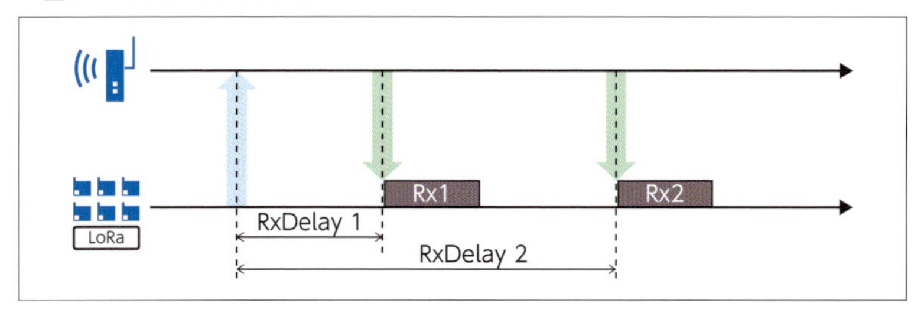

図7 LoRaWAN Class B

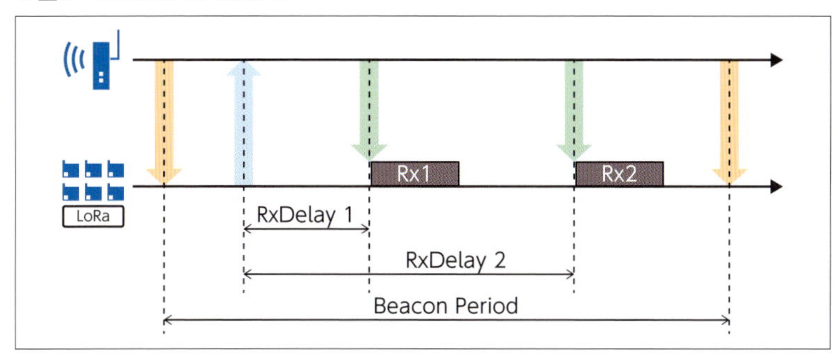

(**図6**)。デバイスはこの時間軸以外はアイドル状態になるのでその分消費電力を抑えることができます。Downlinkスロットでは ACKを返したり、ピギーバック[注4]的にアプリケーションからのレスポンス通信を行うことも可能です。Class CはClass Aでは限定されていた受信スロットを常時開放することで下り通信のレイテンシを改善しますが、その分消費電力は増大します。

やや特殊なのがClass Bでこの方式を使うとデバイスからのUplink通信を待たずにBeacon（ビーコン）と呼ばれるDownlinkのパケットを一定周期で送ることが可能です（**図7**）。

注4 リクエストに対するレスポンスの通信に相乗りして、アプリケーションデータを付与して送る方式のことです。

✚ セキュリティ

LoRaWANではセルラーなどのように大容量で遅延の少ない通信はできないため、TLSのような重い認証・暗号化処理はできません。そのためLoRaWANでは初回アクセス時にJOIN（**図8**）という初期化処理を行い、あらかじめデバイス、Network Server間でNwskey、Apskeyという PSK[注5]を双方で事前共有しておき、通信を行う際はこれらの鍵で暗号化と正当性の確認を行います。なお、製品出荷時に上述の鍵を格納しておく方式をABP（Activation by Personalization）、無線経由で出荷後にJOIN手順で書き込む方式をOTAA（Over the Air Activation）と呼びま

注5 PSKは、Pre Shared Key（事前共有鍵）の略。鍵の呼び方はLoRaWAN Specifciationのバージョンによって異なります。

図8 LoRaWAN JOIN

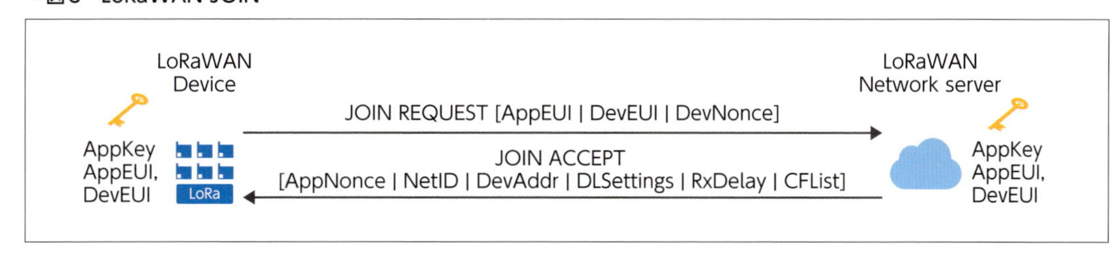

図9 LoRaWANセキュリティ

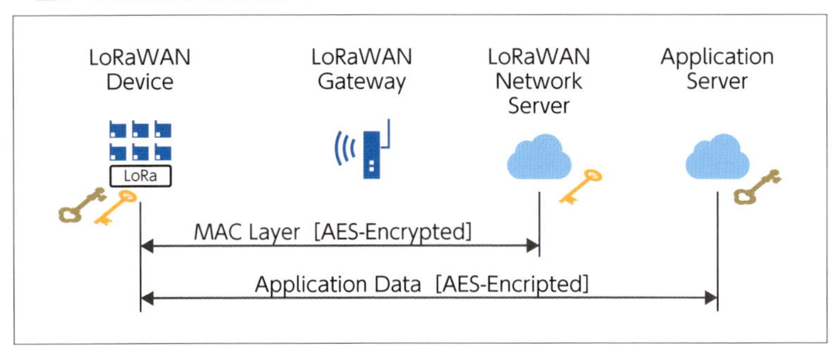

す。JOINの主な役割は以下になります。

- DevAddrの割り当て
- 接続時のデバイス・サーバ相互認証
- セッション鍵（NwkSkey/AppSkey）の生成
- CFList（周波数）の割り当て

図9のようにデバイスはAES-128ベースの暗号化を行い、MICと呼ばれるIntegrity MACをヘッダーに入れ込んでNetwork Serverへ送信します。NS側では該当パケットのDevEUIや暗号データの正当性を確認し、正しいものだけを処理します。

ユースケース

前述のとおり、一度に送信できるデータは11バイト（SF10）と非常に小さく、各種センシング（温度、湿度、加速度など）であれば数バイト程度で事足りるケースも多く、一般的には以下のようなユースケースが想定されています。

- インフラ（電気、水道、ガス等）
- 一次産業（農業、酪農、狩猟等）
- 産業機器（工場、重機等）
- 防災（水害、地滑り、落盤、橋梁監視等）
- GPSトラッキング（流通業、子供、高齢者、ペット等）
- スマートシティ、スマートビルディング、スマートホーム

LoRaWAN対応製品

日本では技適マークの問題もあり、利用可能なLoRaWANモジュールが非常に少ないのが課題でしたが、2017年後半からは国内・海外ベンダー製で技適取得済のモジュールが複数出てきました。また、Arduinoの評価ボードやGPS Trackerなどの各種製品も少しずつですが市場に出てきています。ここではモジュール、評価ボード、商用デバイスを紹介します（図10）。

- **LoRaWANモジュール**：BVMLRS923N52S（株式会社Braveridge）
- **LoRaWAN評価ボード**：ST32 LoRa Discovery Kit（STマイクロエレクトロニクス株式会社）
- **LoRaWAN GPSセンサー**：LT-100（株式会社GI Supply）
- **LoRaWAN 振動温度センサー**：Sushi Sensor（横河電機株式会社）

サービス展開状況

国内ではソラコムが2017年2月から商用のサービスを開始しています。NTT西日本、ソフトバンクは大規模に実証実験中で、NTTドコモ・KDDIがPoCキットを発売するなど各社の動きが活発化してきました。その他各地域におけるインフラ監視、見守り、鳥獣対策などLoRaWANのアプリケーションのマッチした実証実験が盛んに実施されています。

2018年は前年の各社実証実験の結果を踏まえ、具多的に商用化していくものが登場するのではないかと予想されます。

Sigfox

SigfoxはフランスSigfox社によって仕様策定されたLPWAN規格の1つです。LoRaWAN同様に非常

■図10　LoRaWANデバイス

出典：ソラコム社ホームページ
http://www.products.braveridge.com/bvmlrs923n52s/
https://www.yokogawa.co.jp/cp/press/2017/pr-press-2017-1116-ja.htm

に低速（～100bps）ながら低消費電力、長距離伝送が特徴のUNB（Ultra Narrow Band）と呼ばれる狭帯域通信により高い受信感度を確保しています（図11）。規格上は3～20km程度の距離の通信が可能と言われています。

お膝元であるフランスをはじめ、スペイン、オランダ等ヨーロッパでは既にかなりの面展開が進んでいます。日本ではLoRaWANと同じく、アンライセンスで運用できるサブギガ帯域（920MHz帯）を利用し、京セラコミュニケーションシステム（KCCS）が認定事業者として2017年2月からサービスを開始しています。

システムアーキテクチャは図12のようになっています。特徴としては、以下のものが挙げられます。

- Sigfox選定事業者によるNation Wideの基地局・インフラ展開
- UNBによる狭帯域通信、タイムダイバーシティを利用した高利得通信
- 1日の最大送信回数は140回
- 送信可能ペイロードは12バイト
- 2017年11月末より下り通信も運用開始（1日4回

■図11　Sigfox UNB

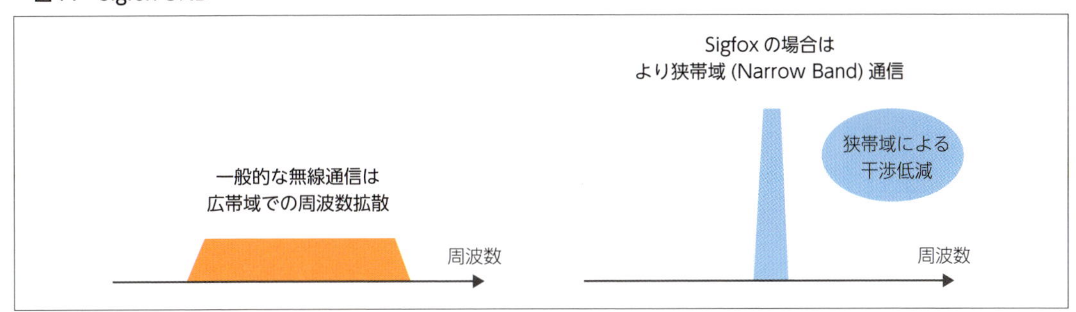

■図12　Sigfoxのシステムアーキテクチャ

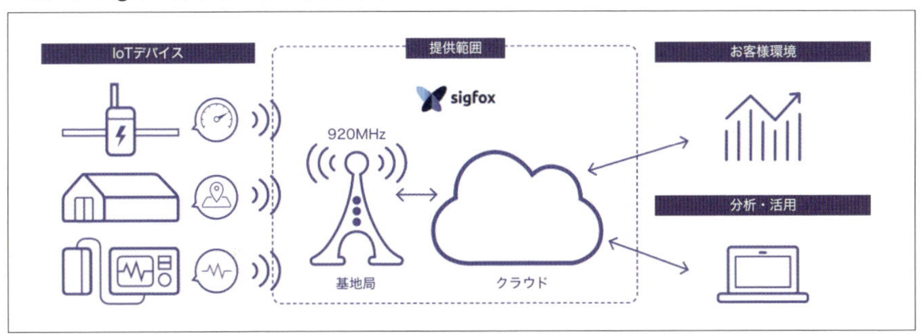

出典：京セラコミュニケーションシステム株式会社、Sigfoxホームページ　http://www.kccs.co.jp/sigfox/

まで送信可能)

- コールバック対応によるクラウド・サーバ連携
- グローバル展開

✚ 開通方法

Sigfoxでは、最初からSigfoxバックエンドクラウドにデバイスが登録されています。そのためユーザーはDeviceIDと呼ばれる3バイトコードとPAC(Porting Authorization Code)と呼ばれる認証コードを入力するだけで自信のSigfoxアカウントに対して、そのデバイスのアクティベーションが可能になります(図13)。

✚ Sigfox対応製品

LoRaWANと同様に、Sigfoxについても技適マーク取得済製品が徐々に増えてきました。ここではモジュール、評価ボード、商用デバイスをそれぞれ紹介します。

- **Sigfoxモジュール**:WF923G(SMK株式会社)
- **Sigfox評価ボード**:Sigfox Shield for Arduino V2S(京セラコミュニケーションシステム株式会社)
- **Sigfoxセンサー**:Sens'it(京セラコミュニケーションシステム株式会社)
- **Sigfox接点センサー**:ドライコンタクトコンバーター(オプテックス株式会社)

Sigfoxにはモジュール、デバイスそれぞれの認定制度があります。認定済みの製品については無線・プロトコルの相互接続性が担保されます。

- **モジュール認定**:Sigfox Verified (P1)
- **デバイス認定**:Sigfox Ready Certifcation (P2)

このあたりは基地局からバックエンドまで垂直統合型に運営するSigfoxの強みとなっています。

✚ サービス展開状況

2017年2月に東名阪を中心に始まったSigfoxですが、現在では札幌、仙台、広島、福岡などの大都市圏を中心にさらにエリアが広がって来ています[注6]。利用する際にはSigfox社のCoverageページで事前に提供エリアを確認するとよいでしょう。エリア拡大に伴い、今後はパレット・物流などの動態管理ソリューションも徐々に出てくることが期待されます。

事例としても、第一環境株式会社、アズビル金門株式会社、KDDI株式会社、京セラコミュニケーションシステム株式会社の4社が兵庫県の離島での水道自動検針をスタートしたり、他の地域でもインフラ関連

注6 2017年12月執筆現在。展開計画としては、2018年3月に政令指定都市を含む主要36都市、2020年3月に全国へと拡大する予定となっています。

■図13 Sigfoxデバイス

出典:KCCS Sigfoxホームページ http://www.kccs.co.jp/sigfox/product/

■図14 Sigfox事例

出典:KCME社ホームページ
https://www.kcme.jp/news-all/20171206-00.html

の取り組みを中心とした実証検証が始まっています。

2017年12月には、KCCSモバイルエンジニアリング(KCME)とACCESS、ネスレ日本が発表した「キットカット たのめるくん(キットカット自動発注システム)」(図14)などのユニークなサービスも始まりつつあります。

Sony's LPWA

これまでLoRaWANとSigfoxがアンライセンスLPWANの二大巨頭としてさまざまなメディアに登場し、実際に実証実験も多くの場所で行われて来ましたが、2017年4月にSonyがここに待ったをかける形で自社開発のLPWAN技術を発表しました。「Sony's LPWA」(正式名称未確定)と呼ばれる本方式は以下のような特徴があります(いずれも本書執筆時点の仕様になり、将来的に変更される可能性があります。図15、図16)。

- 他のLPWAと同様920MHz帯域のうち4CHをホッピングして利用
- 上り通信のみ
- 送信可能ペイロードは16バイト
- 独自の波形合成・誤り訂正符号技術による高感度、高移動性能
- セントラルサーバを利用したデバイス管理、クラウド・サーバ連携

特にこれまでLoRaWAN/Sigfoxが苦手としていた移動通信に対応して来た点は非常に大きいと考えられます。Sonyの検証では時速100kmで走行している

図15　Sony's LPWAの機能

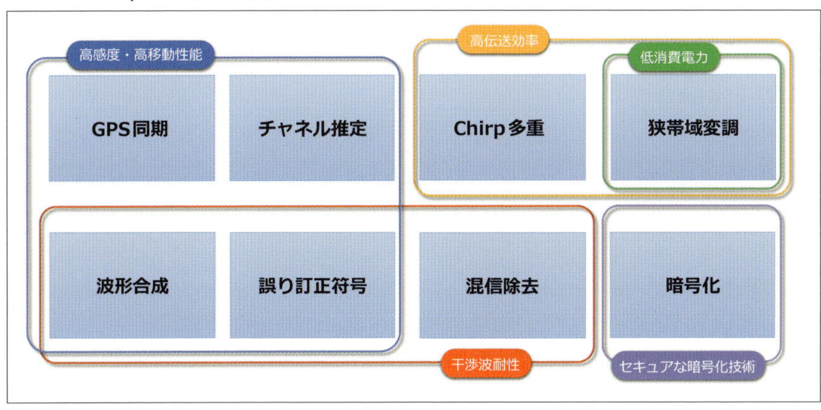

出典：ソニーセミコンダクタソリューションズ株式会社提供資料

図16　Sony's LPWAの構成図

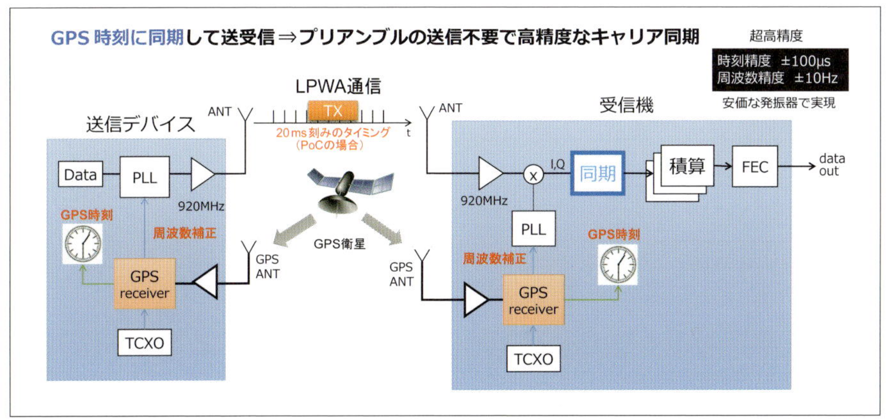

出典：ソニーセミコンダクタソリューションズ株式会社提供資料

場合でも安定通信ができたとされており、移動体でLPWANを利用したかったユーザーにとっては今後ベストな選択肢になる可能性があります。

商用化の時期は明確にはアナウンスされておりませんが、現在SonyからPoCキットの提供が始まっており、都内に設置された試験用基地局に接続することができます。第3のアンライセンスLPWANの有力候補として今後の動向を見守っていきたいと思います。

Column

920MHzとARIB話のカンケイ

このコラムでは、アンライセンスLPWANでサブギガ帯域=920MHzを利用する際のお約束について少し触れておきたいと思います。920MHz帯域（正式には920.6MHz~928.0MHz）は日本ではもともとテレメータ用途を想定された周波数帯域でLPWANだけに限らず複数の無線通信で利用されています。そのため他のシステムに影響を与えないためにARIB T108では周波数毎の運用方法を以下のように規定しています（図17）。

- **キャリアセンス**：LBT（Listen Before Talk）とも呼ばれ、機器が電波を送出する前にあらかじめ周囲の無線状況を一定時間確認（センシング）しましょうという規定です。ここで他の機器が該当無線チャネルを利用していた場合、デバイスはそのチャネルの利用を避けることで電波の干渉を避けます。
- **送信時間制限**：機器が1回に電波を送出可能な時間の制限になります。たとえば4秒と規定されている場合、最大4秒は電波を送出できます。
- **休止時間**：機器が1度電波を送出した後、続いて電波を利用するために待たなければならないインターバルの時間です。
- **総和制限**：1時間あたりその機器が電波を送出できる時間の総和です。

※なお、この規定は本書執筆時点（2017年12月）でのものなので、将来的に改正される可能性がありあす。

上記の規定を読むとわかるように、LPWAN/アンライセンスバンドは1つのデバイス（含基地局）が常に電波を出し続けることはできないため、デバイス開発、運用にあたっては十分に注意する必要があります。

図17　ARIBT108

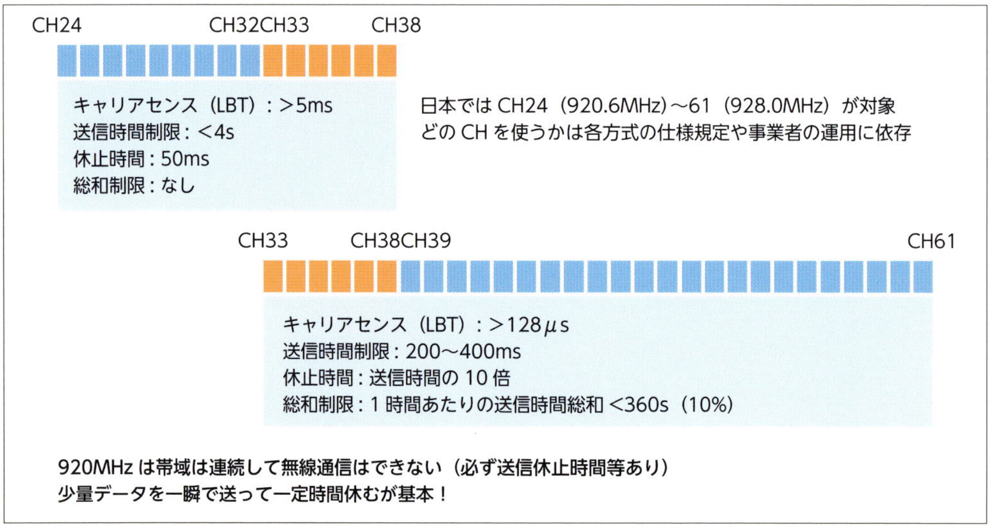

CH24　CH32CH33　CH38

キャリアセンス（LBT）：>5ms
送信時間制限：<4s
休止時間：50ms
総和制限：なし

日本ではCH24（920.6MHz）～61（928.0MHz）が対象
どのCHを使うかは各方式の仕様規定や事業者の運用に依存

CH33　CH38CH39　CH61

キャリアセンス（LBT）：>128μs
送信時間制限：200～400ms
休止時間：送信時間の10倍
総和制限：1時間あたりの送信時間総和 <360s（10%）

920MHzは帯域は連続して無線通信はできない（必ず送信休止時間等あり）
少量データを一瞬で送って一定時間休むが基本！

ライセンス系LPWAN

ここまではアンライセンス系のLPWANをご紹介しましたが、本節ではライセンス系のLPWANである以下の4つについてご紹介します。いずれも皆さんご利用のスマートフォンなどで利用されているLTEをベースとした方式ですが、IoT向けの利用を考慮された仕様となっています。規格としては下に行くほど新しく、より省電力・低速度・低コストでIoT自体に即した規格になっていくことを頭の中に入れておいてください（図18）。

- LTE Cat.1（カテゴリ1）
- LTE Cat.0（カテゴリ0）
- LTE Cat.M1
- LTE Cat.NB1（NB-IoT）

LTE Cat.1（カテゴリ1）

LTEカテゴリ1は実は古くから3GPPで規定されていた仕様ですが、LTEが高速化に向かう中でひっそりと取り残された規格になります。基本的には通常のLTEと同様ですが、以下のように機能を絞ることで比較的安価なモジュールを開発することができるようになり、低速でも問題ないIoT用途向けとして改めて注目されています。

- 最大スループットは10Mbps/5Mbps（UL/DL）へ抑制
- アンテナは2本から1本へ削減（MIMOは利用しない）

■図18　IoT向け規格比較

	LTE Rel-8 Cat-1	LTE Rel-12 Cat-0	LTE Rel-13 Cat-M1	NB-IoT Rel-13
DL peak rate	10 Mbps	1 Mbps	1 Mbps	~0.2 Mbps
UL peak rate	5 Mbps	1 Mbps	1 Mbps	~0.2 Mbps
Duplex mode	Full	Half or full	Half or full	Half
UE bandwidth	20 MHz	20 MHz	1.4 MHz	0.18 MHz
Maximum transmit power	23 dBm	23 dBm	20 or 23 dBm	23 dBm
Relative modem complexity	100%	50%	20-25%	10%
Note: peak data rates refer to full duplex operation for Cat-0 and Cat-M1				

出典：https://www.ericsson.com/research-blog/internet-of-things/cellular-iot-alphabet-soup/

カテゴリ1対応製品としては以下のものがあります。

- EC21-J（Quectel）
- LARA-R2（U-blox）
- SKM32（セイコーソリューションズ株式会社）

LTE Cat.0（カテゴリ0）

LTEカテゴリ0は、LTEカテゴリの1つで、特にM2Mと呼ばれる機器間通信や、IoT機器のための規格です。3GPP Release.12で策定されました。主な用途として、インフラ系（ガス、水道など）や自動販売機の監視などで、3GPPでは「MTC」（Machine-Type Communications）と呼ばれています。

✚プロトコル

LTEカテゴリ0の基本的なプロトコル、ネットワークアーキテクチャは、既存のLTEとまったく変わりません。LTE RAN/COREに対して従来と同じ処理を行います。

✚変更点

これまではスマートフォンに代表されるモバイルデータ通信量の爆発的増加に対応するため、セルラーシステムはCAやMIMOなどを利用して通信の高速化・高度化を推し進めてきました。ところが、カテゴリ0はMTC用途であるため、スループットは何100Mbpsも求めない代わりに、省電力を実現したいという従来とはまったく反対の方向に重きを置いて仕様策定されています。そのため、以下のように仕様が変更されています。

- 最大スループットは1Mbps（UL/DL）へ抑制
- アンテナは2本から1本へ削減（MIMOは利用しない）
- 全二重から全二重/半二重の通信モード採用
- eDRX、PSMによる省電力機能を追加

✚ eDRX/PSM

3GPP Release 12で、カテゴリ0における最も大きな特徴としてeDRX、PSMがあります。セルラーシステムはもともと携帯“電話”向けのシステムです。電話であるため常に音声着信・SMS等を受け取れる状態でなければなりません。Aさんから着信があった場合、デバイスはPagingという呼び出し信号を基地局から受け取ることで、自身のデバイスに着信があったことを検知できます。

ではなぜデバイスがPagingという信号を受け取ることができるかというと、デバイスは常に一定周期で特殊な無線チャネルを利用して、自分への通信がないかをチェックしているからです。ただ、MTC/IoTではそもそもデバイスの通信頻度が非常に低いため、ミリ秒オーダーでPagingをチェックする必要がありません。もともと3GPPではこの間隔を調整できる方法がDRX（Discontinuous Reception）と呼ばれる技術で存在していましたが、Release 12ではeDRX（Extended-DRX）としてこの間隔を従来よりもさらに長くすることができるようになりました。カテゴリ0のeDRXでは最大10.24秒（従来のDRXでは2.56秒）まで延長可能です（図19）。

2017年10月にNTTドコモがeDRXの商用運用を開始するとアナウンスをしました。eDRXによりスリープ時間を長くすることで消費電力を約5分の1まで低減できたと発表されています。なお、eDRX自体はモデムが対応していればカテゴリ1などの旧製品でも利用可能です。

また、Release 12ではeDRXに加え、PSM（Power Saving Mode）というモードが定義されており、いったんPSMに遷移すると、デバイスはネットワークとの論理的な位置登録状態、PDNは維持しつつも無線を完全に切ってしまう[注7]ため、Idle（アイドル）と呼ばれる待ち受け状態よりも飛躍的に消費電力を抑えることができます。カテゴリ0ではこうした技術によりなるべく無線の使用を抑えることで省電力を実現できるようになりました。デバイスが起きている間の消費電力を抑制するのがeDRX、それとは別にデバイスをスリープさせてしまうのがPSMです。

注7　実際には完全にスリープしてしまうわけではなく、デバイスはネットワークからあらかじめ指示されたタイミングで位置登録／アタッチ処理をすることで定期的に自信の位置をネットワーク側に通知します。

■図19　eDRX、PSM

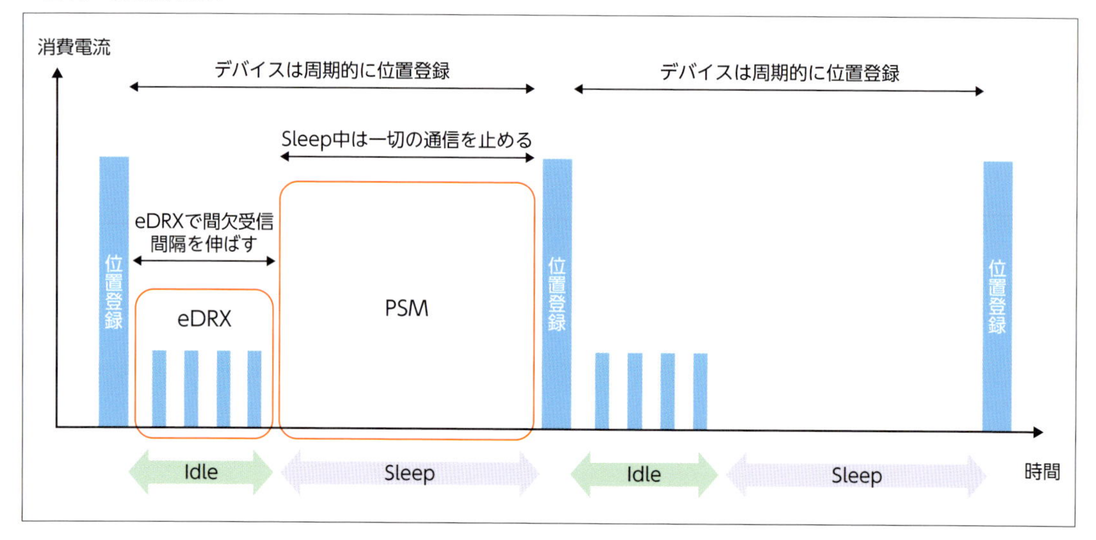

Cat.0対応モジュール

後述のCat.M1やNB-IoTの仕様策定が思った以上に早く完了してしまったこと、Cat.1のモジュールが比較的安価になってきたことを受けて、モジュールベンダー各社がCat.0の開発を止めてしまったため、現在ではメインストリームから外れた規格になっています。

LTE Cat.M1

LTE Cat.M1は、LTEカテゴリの1つで、2016年の3GPP Release 13で策定されました。M1のMはMachine Type Communicationの略称です。

変更点

プロトコル、ネットワークアーキテクチャはカテゴリ0と変わりませんが、カテゴリ0の特徴に加え、さらに以下の点が変更になっています。

- 運用周波数帯域を20MHzから1.4MHzへの狭帯化
- 最大スループットは0.8/1Mbps (DL/UL) へ抑制
- eDRXサイクルを最大43分へ延長
- 繰り返し送信 (Repetition) によりカバレッジを拡張 (カテゴリ1よりも+15dB確保)

最大の変更点は運用周波数が従来の20MHzから1.4MHzと大幅に狭帯域になったことです。

もともとLTEでは最小で利用可能な周波数幅として1.4MHzが規定されていましたが、無線通信はなるべく広い帯域を取ったほうが高速化ができるため、各キャリアは10MHzや20MHzなど、国から割り当てられた周波数を最大限に使ってきました。Cat.M1では一番狭い周波数帯域で通信を行います。

また、繰り返し送信により、建物内部や鉄板の内側などこれまで圏外だったエリア (セルのエッジ部分) への通信を実現します。カテゴリ0の利点を踏まえ、さらに省電力・広域通信を実現したのがCat.M1です。

NB-IoT

NB-IoTはLTE規格の中でIoTに特化して策定された規格です。Cat.M1同様、3GPPが2016年のRelease 13で仕様策定しました。NBはNarrowed Bandの略称で、従来の周波数帯域よりもさらに狭い周波数 (180kHz) を利用します。通信距離は最大20km程度、スループットは100bps以下になります。

NB-IoTのアーキテクチャは**図20**のようになります。

変更点

従来LTEとの変更点は以下のようになります。

- 半二重モードのみ
- 運用周波数を20HHzから180kHzに狭帯化
- 最大スループットは62/21kbps (DL/UL) へ抑制
- リンクバジェットが+ 20dBm改善
- eDRXサイクルが最大2.91時間へ延長

■図20 NB-IoT アーキテクチャ

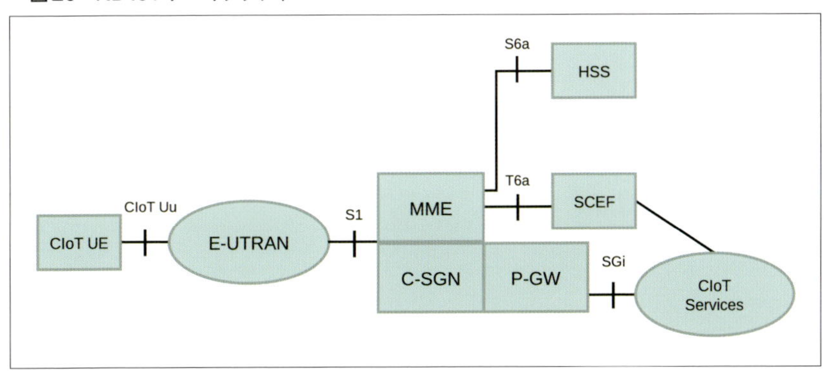

出典：https://www.ietf.org/proceedings/96/slides/slides-96-lpwan-7.pdf

180kHzという周波数帯域はもともとLTEで利用していたRB（Resource Block）という周波数の束1つ分です。インバウンドモードのように既存のLTE帯域の中の一部として割り当ててもよいですし、ガードバンドと呼ばれる割り当て周波数の外側を利用することもできます。そのほかに、GSM向け周波数跡地を再利用するスタンドアロンモードもありますが、日本では1、2の方式が採用される見込みです。

1. **インバウンドモード**：従来のLTE帯域の中で利用
2. **ガードバンドモード**：ガードバンドと呼ばれるLTEのすきま周波数帯を利用
3. **スタンドアロンモード**：GSMで利用していた周波数帯等を利用

前出の**図20**のとおり、基本的にはLTEと同じアーキテクチャですが、NB-IoTではC-SGNというノードが追加され、ユーザーデータをC-planeと呼ばれる制御チャネルでも送れるようになっています。

各通信キャリアの取り組み状況

KDDIは、2017年11月に「KDDI IoTコネクト LPWA」という名称でCat.M1のサービス提供開始をアナウンスしました。また、NTTドコモ、ソフトバンクについてもCat.M1/NB-IoTの実証実験のプレスリリースは多数発表されており、ティザーサイトも公開されています。2018年は確実にセルラーLPWAの運用開始が各社から開始されると想定されます。

Column

IoTとeSIM

昨今、eSIMという名前をよく聞くようになりました。eSIMとはEmbedded SIM、つまり埋め込み型のSIMです（図21）。従来のSIMカードはデバイスのSIMスロットに挿入して利用するものでしたが、eSIMではICチップの形状になり（そのためチップ型とも呼ばれます）、直接デバイスの基板（PCB）にハンダ付けするようになりました。

もともとは自動車／車載向けにSIMカードを提供する場合、従来の取り外し可能なタイプ（plug-inと呼びます）だと、熱・振動などの面で耐性に懸念があったため、より強度の強いSIMが必要だという業界ニーズから生まれた製品です。IoTにおいても自動車はもとより工場、重機など厳しい環境で利用されるケースが多々ありますので製造業を中心としたIoT用途での利用が想定されています。

eSIMの一番の課題は、SIMカードを取り外せないため、SIMの差し替え、すなわち通信キャリアの変更ができない（物理的なキャリアロックになってしまう）点でした。現在では、Subscription Manager or Remote SIM Provisioningと呼ばれるセキュアな技術で無線経由での加入者情報の書き換え、通信キャリアの切り替えを行うことができるようになっています（図22）。

■図21　eSIM

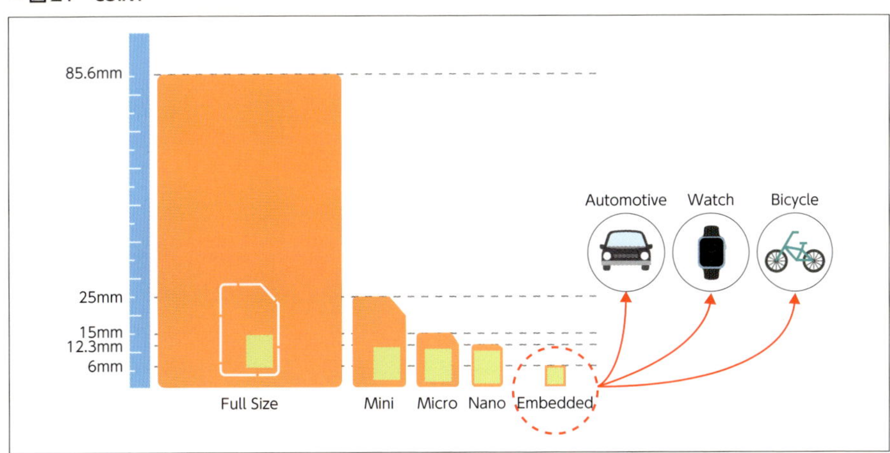

■図22　通信キャリアの切り替え

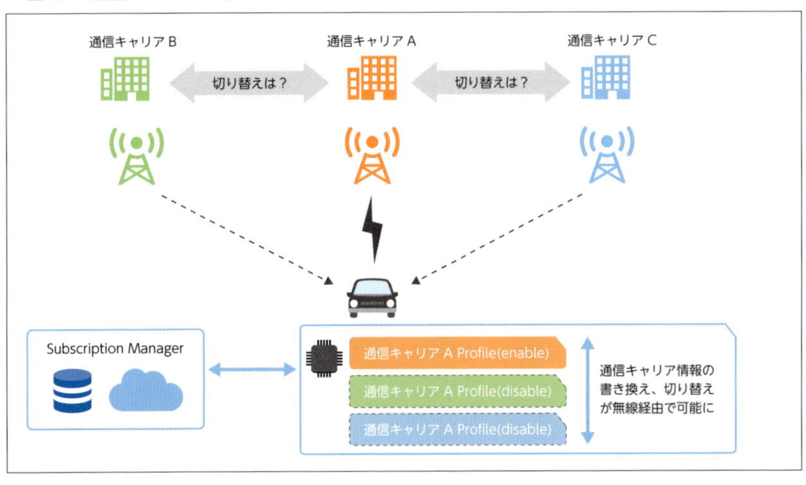

実際にIoTへ適用するための

2.6 通信方式の選定と実装のポイント

本章ではさまざまな無線通信方式について説明しました。最後に、それぞれの通信方式の選定のポイント、実装時の注意点などについて説明します。

通信方式の選定

前節までで複数の通信方式についてご説明しました。では実際にIoTへ適用するにあたり実際に適用すべきはどの方式でしょうか。正直これについては最適解はなく、実際に稼働させるアプリケーションに対して、以下の要素を考慮し、最適なものを選択すべきというのが筆者の見解です。

- 通信距離
- データ量
- 通信頻度
- 消費電流
- モビリティの有無
- 通信方向（双方向、片方向）
- 通信費
- モジュール価格
- インフラの要否
- 相互接続性（デバイス、ネットワークの接続性は担保されているか）

GSMAではIoTアプリケーション毎の想定データ通信量、消費電力、通信頻度、通信範囲を**表1**のようにまとめています（一部抜粋）。

ご覧頂いてわかるように、たとえばSmoke detector（火災報知器）では1回20バイト、通信頻度は1日2回、Vending machines（自動販売機）は1日1回通信ではあるものの、1回の通信量は1kbyteです。前者であればLoRaWANやSigfoxなどの低速通信のものが適しており、後者であればカテゴリ1やCat.M1のようにある程度スループットを確保できる方式がよいかもしれません。

そのほかに、対応製品の豊富さ、クラウド・サーバ連携のしやすさ（API、Referenceの豊富さなど）も重要です。いくら通信方式として優れていても対応製品がなければ意味がありませんし、取得したデータの

■表1　IoT向けアプリケーションの要件

Applications	Number of messages per day	Size of message	Total daily load	Battery requirement	Coverage requirement
Consumer - wearables	10 messages/day	20 bytes	10*200 = 2000 bytes	1-3 years	Outdoor/indoor
Smoke detector	2 messages/day	20 bytes	2*20 = 40 bytes	5 years	Indoor
Water metering	8 messages/day	200 bytes	8*200 = 1600 bytes	15 years	Deep indoor
Vending machines	1 message/day	1 kbytes	1*1000 = 1000 bytes	10 years (powered)	Outdoor/indoor

出典：http://www.gsma.com/connectedliving/wp-content/uploads/2016/10/3GPP-Low-Power-Wide-Area-Technologies-GSMA-White-Paper.pdf

制御に大規模なサーバ開発をしなければならなくなると、システム全体の開発負荷としては高くなってしまいます。また、1つの方式にこだわると無理なデバイス実装、システム構成になってしまいがちですので、複数の通信を組み合わせて使うのも今後のトレンドの1つになるかもしれません。

LPWANデバイス実装のポイント

デバイスについては本書の第1章が詳しいので、本章での詳細は割愛させて頂きますが、ここでは通信まわりについて記しておきます。

✚ 構成

通信モジュールの実装方法としては一般的に以下の2通りになります（**図1**）。

1. モジュール外に別途MCUを準備し、外部MCUとモジュールをUART等で接続してATコマンドで制御する方法（分離型）
2. モジュール内に搭載されているMCU（Micro Control Unit）へ直接制御プログラムを書き込む方法（一体型）

1つ目の実装方法は、最もレガシーなモジュールの制御方法です。メイン基板向けにマイコン（MCU）が追加で必要になるため部品コスト、つまりBOM（Bill of Materials）と消費電力といったコストは増大しますが、ATコマンドを用いた汎用的な制御になるため、将来的にモジュールを別の製品あるいは別の通信方式に載せ替えるときの移行が容易になります。

2つ目の実装方法の場合は構成が非常にシンプルになるため、BOMを削減でき、かつ消費電力を抑制できます。

LPWANにおいてはできるだけシンプルに省電力化を目指すのであれば、2つ目の方法が望ましいと思われますが、ここは開発される環境や筐体設計、部材と含めて構成を確定されるとよいでしょう。

最後に

2017年はIoTを活用した具体事例が展開され始め、アンライセンス系ではLoRaWAN/Sigfoxの商用サービスが開始されました。ライセンス系でもKDDIがCat.M1のサービス開始を発表したり、IoTに適した通信方式が本格的に出揃ってきました。2018年はこれらに対応した通信モジュールが徐々に発売され、基地局を中心としたインフラ側の対応拡充が予想されます。このため、これまで以上にスケーラブルなIoT案件が増えてくると思われます。

■図1　IoTデバイス（通信モジュール）実装

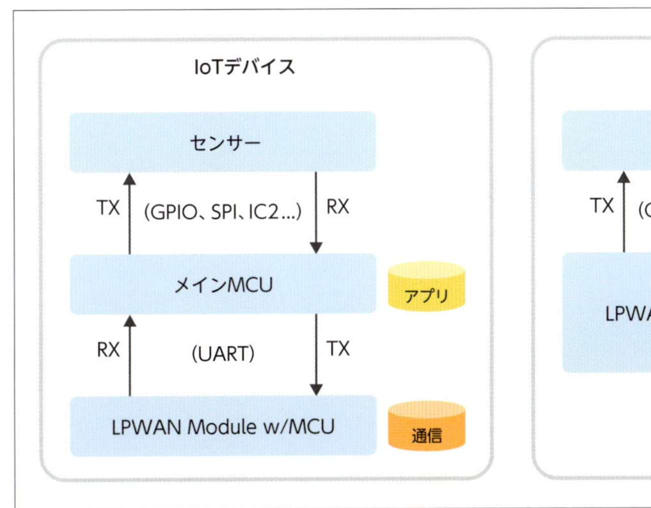

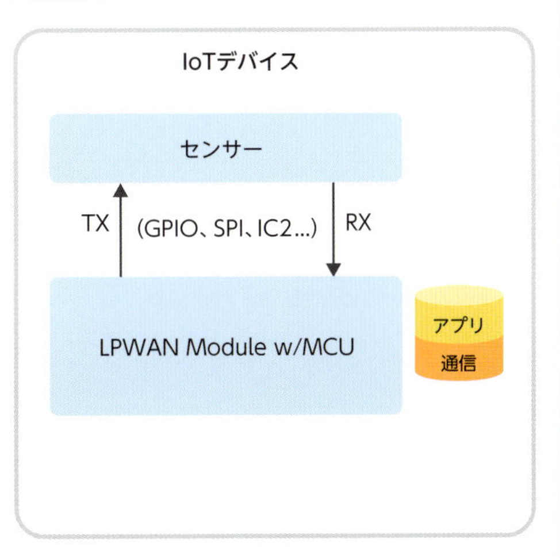

繋がらないのはなぜ？ そこには必ず理由がある

Column

IoT機器を開発しているとうまく通信できないシーン必ず遭遇します。結果的には「繋がらない」の一言でもその要因は多岐にわたります。いざ繋がらない問題が発生しても勘所を押さえていれば、冷静に対処ができます。ここではセルラー系とLPWA系の双方について、トラブルシューティングの仕方をご紹介します。

セルラー系システムの切り分け方法

- 電源は入っているか
- SIMは正しい向きで入っているか、PINロックなどされていないか
- SIMはデバイスに合っているか、SIMロックなどされていないか
- SIMの回線種類は合っているか（データ用・SMS用・音声用など）
- デバイスの対応周波数は適切か、通信キャリアの電波状況は十分か
- デバイスは適切な通信キャリアを選択しているか
- デバイスのAPN設定は適切か
- PINGは通っているか
- デバイスのデータ送信先は適切か
- デバイスのCredentialは適切か（証明書、PSKなど）
- デバイスからの送信データに不正なヘッダーなどを付けていないか

LPWAN系方式の切り分け方法

ここではLoRaWANについて解説します。

- 電源は入っているか
- デバイス内にDevEUI、AppKey、AppEUIが登録されているか
- デバイスのDevEUI、AppKey、AppEUIは接続先事業者のNetwork Serverに登録されているか
- Gatewayは正常に稼働しているか
- Gateway周辺に無線の干渉要因はないか
- Network ServerにJOINできているか
- Network Serverから先のアプリケーション設定、インテグレーション設定は適切か

それぞれのチェックポイントを1つずつ確認していきましょう。ほとんどのケースは上記のいずれかの設定不備、状態不一致が原因ですので、上から順番に切り分けていくと修正ポイントが見えてきます。

WEB+DB PRESS plus（ウェブディービープレスプラス）は、WEB+DB PRESS編集部が自信を持ってお届けする書籍シリーズです。

今号の新刊

今号の新刊

［改訂新版］Swift実践入門
直感的な文法と安全性を兼ね備えた言語
石川洋資
西山勇世
先進的な機能を駆使した簡潔でバグのないコード
Swift 4対応
Xcodeで動かしながら学ぶ 基本、設計指針、実装パターン

重版出来！

今号の新刊

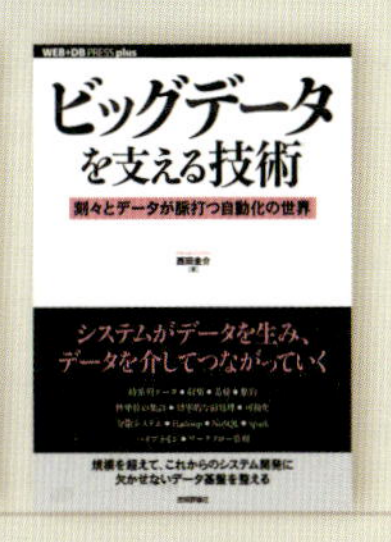

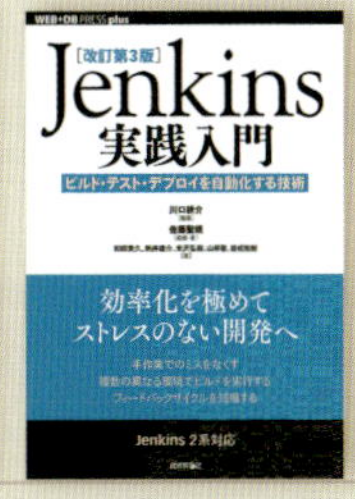

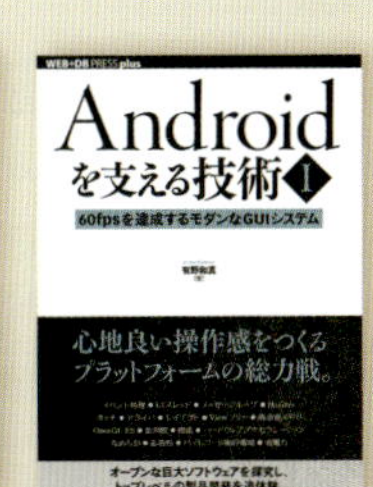

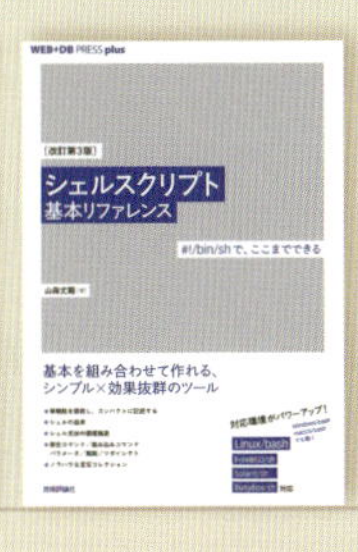

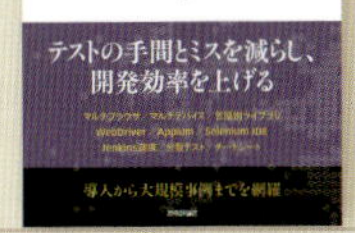

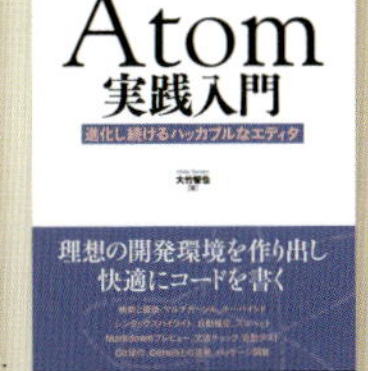

技術評論社
〒162-0846 東京都新宿区市谷左内町21-13
販売促進部 Tel. 03-3513-6150 Fax. 03-3513-6151

第3章

Amazon Web Services／Microsoft Azure／Google Cloud Platformの特徴と利用方法
クラウド

Amazon、Microsoft、Googleが提供するクラウドサービスについて紹介します。特に、それぞれのサービスで利用できるIoT向けサービスの特徴と実装について説明します。

松井 基勝　MATSUI Motokatsu
大瀧 隆太　OTAKI Ryuta
日高 亜友　HIDAKA Atomu
八木橋 徹平　YAGIHASHI Teppei

クラウドと連携したIoTサービス活用とは

3.1 クラウド活用

本章では、各ベンダーの製品のクラウド活用について説明しています。本節では、IoTにおけるクラウドの役割などについて概説します。

松井 基勝　MATSUI Motokatsu

IoTにおけるクラウドの役割

IoTの3大構成要素

IoT (Internet of Things) システムにおいて不可欠な要素は「モノ」「インターネット」「クラウド」の3つです (図1)。

ここで「モノ」とは、センサーやコントロールするべき対象の機器、またはそれを仲介するデバイスやゲートウェイなどのことです。

「モノ」が単に「インターネット」に繋がるだけでは何も起きません。IoTシステムが動作するには、なんらかのインテリジェンスが必要となります。そこで、「クラウド」が第3の必須要素として登場します。

クラウドの定義

「クラウド」という言葉がバズワードから普通の言葉になって何年も経ちます。もともとは「クラウドコンピューティング」と呼ばれていたことからもわかるように、計算 (コンピューティング) のためのリソースをサービス事業者がインターネット上に集約し、利用者が時間あたり課金などで使った分だけの料金を支払う (ペイ・アズ・ユー・ゴーと言います) かたちでサービスを提供するビジネスモデルを、ここでは「クラウドサービス」と定義します。

クラウドサービスの利点は、いつでも必要なときに必要なだけリソースを調達し、不要となったらいつでも解放できる点にあります。クラウドサービスを利用することで、過剰な設備投資のための初期コストを避けながら、予想以上にビジネスが成功した場合のリソース不足 (Successful disaster という) も避けることができます。

クラウドの登場初期にはいわゆるIaaS (Infrastructure as a Service) に分類される、仮想サーバ提供サービスがクラウドの代名詞となっていましたが、ここ数年のトレンドとしては、利用者がサーバを管理せずにサービスやプラットフォームとして利用する「サーバレスアーキテクチャ」が注目されています。

重要なのは、クラウドの本質とは仮想化など要素技術にあるのではなく、サーバを物理的に所有したり管理をしたりすることからの脱却にあります。つまり、クラウドで問題とすべきなのはビジネスモデル・利用の形態のほうです。IoTシステムでクラウドサービスを利用する際には、この点に留意して選定するとよ

■図1　IoTの3大要素

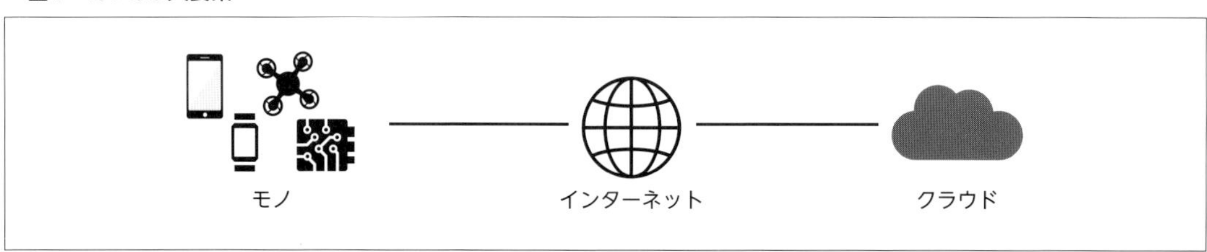

いでしょう。

IoTにおいてクラウドが提供する機能

IoTシステムでクラウドが提供する主な機能として、以下のものがあります。

- デバイスの管理
- データの収集、保存
- データの可視化
- 蓄積されたデータの運用

各社のクラウドサービスには、これらの機能を実現するサービス群が提供されています。IoTシステム側では、複数のサービスをパーツのように組み合わせて、目的を達成するためのシステムを組み上げることになります。

ビッグデータとAI

クラウドと同じくバズワードから一般化されつつある「ビッグデータ」、そして「AI」も、クラウドと切り離して考えるのが難しいほど密接な関わりがあり、IoTシステム実現のキーワードとなっています。

IoTデバイスの数は2020年には500億台にも達すると予測されていますが、そのような大量のデバイスから送信されるデータを受信し、処理することのできるインフラストラクチャを自前で構築するのは困難です。クラウドの台頭により、そのような大量のデータ処理に必要な基盤（実質的に容量無制限のデータストアや大規模な演算を行うための分散処理システムなど）が、利用料金さえ支払えば誰でも利用でき、コストも年々下がっています。

AI関連のサービスも次々にクラウドサービスプロバイダから提供されており、従来は画像認識やテキスト処理などの一般的な用途のものもすべて自前で開発・構築する必要がありましたが、今では学習済みモデル付きのサービスが提供されるなど、利用のための敷居がどんどん下がっています。特にIoT関連では、センサーデータからの異常検知や、監視カメラの画像認識などのユースケースが代表的です。

クラウドサービスの利用時には、単なるストレージやサーバとして使うのではなく、利用可能なサービスをうまく活用することで、開発の負担を軽減できます。

クラウドサービスの活用法

それでは、IoTでクラウドを利用するには、具体的にどうしたらよいかを考えてみましょう。

デバイスをクラウドに接続するためには

デバイスをクラウドに接続するときに考慮するべきポイントを挙げてみましょう。

- データの保存場所（ストレージサービス、データベースサーバ、など）
- データの形式やサイズ・精度や送信頻度（データの総量を左右します）
- データのフロー（クラウド方向への上りだけでよいのか、双方向通信である必要があるか）
- セキュリティ要件（暗号化や認証の方式、閉域網を使うか否か）
- デバイスの制限（対応している通信方式・プロトコルなど）

上記のポイントをもとに、どのようなサービス・経路・プロトコルを使用して、デバイスがクラウドと通信するべきかを決めます。

データを保存する場所は、データの規模や活用方法を検討してから決定する必要があります。非常に大規模なデータになるのであれば、オブジェクトストレージ系のサービスやNoSQLデータベースに保持する必要がありますし、複雑な計算処理を行う必要がある場合はデータの性質や処理の内容に合わせてカラム型データベース・時系列データベースなど最適なものを選ぶ必要があります。データストアの種類によってはデータ構造が厳密に決まっているので、データを保存する前に変換処理が必要なケースもあるでしょう。

データをどのような形で送信・保存するかも考慮する必要があります。LPWA[注1]など通信方式によって

注1　LPWAとは、(Low Power Wide Area)の略で、なるべく消費電力を抑えて遠距離通信を実現する通信方式のことです。

は、一度に送信できる情報量が極端に少ないことがあります。そういった制約がある場合は、送信するデータをJSONなどのテキスト形式ではなく、バイナリーデータとして送信したり、必要に応じて精度を落としたりする必要があります。その際は、データを活用するときに正しく読み込める形式で保存する必要があります。

通信の方向も非常に重要です。たとえばスマートメーターを実装する場合、単にデータを収集する（検針）だけでよいのか、クラウド側からデバイスに対して命令を送る必要（たとえば元栓を閉めるなど）があるかどうかで要件が変わってきます。後者であれば、MQTT（Message Queue Telemetry Transport）などの双方向通信に対応したプロトコルの利用を検討するべきでしょう。

通常はインターネット上で暗号化されたプロトコルを利用し、認証してから通信する必要がありますが、デバイスの制限やセキュリティ要件から、完全にインターネットから分離されたネットワークを利用しなければならない場合には、VPN（Virtual Private Network）や専用線といった閉域網による接続を考慮すべきでしょう。

こういった点を考慮しつつ、最終的にはデバイスが対応している通信方式・プロトコルの中で最適なものを選択してください。

ベストプラクティス

IoTシステムの実現に向けて、必要な機能を持つサービス、またはそれを実現できそうな部品がなるべく揃っているサービスを選択しましょう。

その上でIoTシステムに価値を与えるためのビジネスロジックなどの開発にリソースを集中させ、まずは最低限システムが動くところまでを素早く実現し、徐々に精度を上げたり機能を追加していくのが最善手となります。

以降の節では、各クラウドサービスがどのような特徴を持っているかを解説しています。クラウドを活用して素早くIoTシステムを構築するための参考にしてください。

AWSによるIoTサービスの特徴と構成例

3.2 Amazon Web Services (AWS)

本節ではAmazonが提供するクラウドサービスAWSの概要とIoT向けシステムの例としてAWS DeepLensとAmazon Echo、Amazon Alexaを紹介します。IoTシステムをAWSで構築するための典型的な構成例もいくつか示します。

大瀧 隆太 OTAKI Ryuta

はじめに

現在、世界で一番使われているクラウドサービスがAmazon Web Services（AWS）です。AWSは、EC大手のAmazonが提供しており、2006年のサービス開始からわずか10年あまりで世界中の18のリージョン（データセンター群を配置する地域）で100を超えるサービスや機能を展開しています。旧来のデータセンターでのサーバコンピュータ（いわゆるオンプレミス）の移行先のみならずIoTや機械学習などのIT先端技術にも意欲的に取り組む、新しいタイプのITジャイアントの一角となりました。

クラウドサービスとしての革新性・機能性はもとより、以下の点もAWSのシェアが急拡大した要因として考えられます。

- **パートナーエコシステムの醸成**：AWSがユーザー企業のITシステム導入支援やソフトウェア/サービス開発において協業するパートナー企業の活用を重視し、AWSとパートナーがともに成長し市場を開拓するような仕組み作りに熱心に取り組んだ
- **ユーザーコミュニティの発展**：AWSを利用する有志のユーザーが自発的に情報発信や情報交換に取り組むムーブメントが起き、AWSがそれを支援した。日本ではJAWS-UG（AWS Users Group – Japan）の活動が著名

また、日本国内、グローバルを問わず大企業からスタートアップまでさまざまな業種での多くのAWS導入事例が公開されています。IoT分野ではロボット掃除機「ルンバ」（iRobot社）の事例が興味深いです。インテリジェントなデバイスはクラウドの活用が不可欠であることが実感できます。

- 国内のお客様の導入事例 Powered by AWS クラウド | AWS
  URL https://aws.amazon.com/jp/solutions/case-studies-jp/)
- iRobot Case Study - Amazon Web Services（英語）
  URL https://aws.amazon.com/solutions/case-studies/irobot/)

AWSの思想

AWSはどのような設計思想で作られ、どのようにクラウドサービスを提供および展開しているのでしょうか。いくつかのキーワードをヒントにして詳しく見ていきます。

ユーザーフィードバック

Amazonは徹底した顧客志向でサービスを提供しており、それはAWSでも変わりません。AWSのクラウドサービスや機能についての**改善・要望を重要視しています**。顧客からのフィードバックに応えて追加された機能や、多くのリクエストから実現された新サービスも少なくありません。一方、サービス仕様として定められた事柄を大口顧客に向けてカスタマイズするといった個別対応は基本的に受け入れられません。実現してほしい機能がある場合は、具体的なユースケースを添えてAWSにフィードバックするべ

きです。

プラットフォームビジネス

クラウドサービスはデータセンターのコンピューティングリソース（ITインフラ）の一部をユーザーに提供するビジネスであることは間違いありませんが、前述のパートナーエコシステムという観点では**ITインフラのプラットフォームビジネス**という側面もあります。Webサービスやソーシャルゲーム、スマホアプリを開発および提供するユーザー企業に対してAWSは魅力あるクラウドサービスを続々とリリースし、使いやすいAPIやSDKを提供[注1]することで多くのユーザーから支持を得ています[注2]。AWS Marketplace（URL https://aws.amazon.com/marketplace）という、AWSを通じてパートナーが収益を上げるための仕組みが提供されていることも、プラットフォームビジネスである一面が垣間見える部分と言えるでしょう。

民主化

クラウドサービスは、コンピュータ技術の民主化（democratization）の文脈で引用されることが少なくありません[注3]。クラウド登場以前のいわゆるプロプライエタリなITインフラの世界では、最先端の技術情報は限られた技術者やユーザーのみがアクセスできる閉じられたものでした。AWSは、最先端のIT技術が従量課金で誰でも利用できるクラウドサービスを提供します。

AWSによる民主化はITインフラ分野に留まらず、最近では**機械学習の民主化**として画像認識や音声のテキスト起こしなど、機械学習の専門家でなくとも扱うことのできる多くの関連サービスをリリースしています。

- Machine Learning at AWS
  https://aws.amazon.com/jp/machine-learning/

ビルディングブロック

AWSは、目的や機能ごとに大小さまざまなサービスの集合体になっています。ユーザーは、それらのサービスの中から必要なものを選択し、相互に連携させてユーザーの望むITシステムを構成していきます。組み立てブロックのおもちゃのようにサービスをブロックに見立てそれらを組み合わせていくさまを**ビルディングブロック**と呼びます。

ITシステムの設計にあたっては、パフォーマンスやキャパシティなどシステムの要件に合うかどうかをビルディングブロックを構成する各サービスそれぞれについて見極めることが重要です[注4]。

AWSのIoT関連サービス

AWSのIoT分野への力の入れようは増すばかりで、IoT向けの新サービスが矢継早にリリースされています。最近のAWSはIoTの3大構成要素のうち「クラウド」のみならず、ハードウェアやソフトウェア、デバイス管理サービスなど「モノ」の分野にまで裾野を広げてきています。

2017年12月現在でAWSが提供するIoT関連プロダクトは、以下のとおりです（なお、一部未リリースや限定プレビューのプロダクトを含んでいるので注意してください）。

- **ハードウェア**：AWS DeepLens、AWS IoT Enterprise Button
- **ソフトウェア（OS／ミドルウェア）**：Amazon FreeRTOS、AWS Greengrass
- **デバイス管理サービス**：AWS IoT Device Management、AWS IoT Device Defender
- **IoT向けクラウドサービス**：AWS IoT Core、AWS

注1 API、SDKについては、姉妹本の『IoTエンジニア養成読本』の第5章「IoTシステムの構成要素 バックエンド／クラウド」を参照してください。

注2 プラットフォームビジネスのビジネスとしての設計や考え方についてはソーシャルアプリと分野は異なりますが、田中洋一郎さんの著作「ソーシャルアプリプラットフォーム構築技法」（技術評論社、2017年）で詳細に解説されており、参考になるでしょう。

注3 Democratization of technology - Wikipedia
URL https://en.wikipedia.org/wiki/Democratization_of_technology

注4 詳しくは、姉妹本の『IoTエンジニア養成読本』の第5章「IoTシステムの構成要素 バックエンド／クラウド」を参照してください。

■図1　AWSのIoT関連サービス

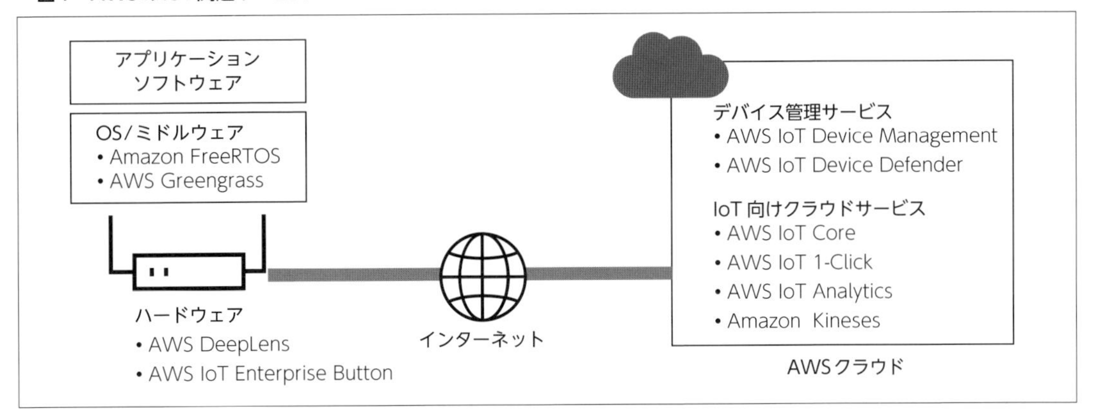

IoT 1-Click、AWS IoT Analytics、Amazon Kinesis

AWSがクラウド以外のプロダクトを提供するのは、IoTシステムでは各要素同士が密接に連携する必要があり、それらのプロトタイプやプラットフォームをAWSが提示していると言えます。

本書の冒頭（4ページ）でも紹介したAWS Deep Lensは、画像解析デバイスの開発キットとしてAWSクラウドと連携する多数の機能を搭載しています。ここではDeepLensの紹介を通してデバイスとクラウドを連携させる様子を紹介していきます。

AWS DeepLens

AWS DeepLensは、AWSが販売するビデオカメラデバイスです。**図2**はその外観です。

■図2　DeepLensの外観

- AWS DeepLens – ディープラーニングに対応した開発者向けビデオカメラ – AWS
  URL https://aws.amazon.com/jp/deeplens/

Amazon.comでは2018年4月に発売予定で、本稿執筆時点（2017年12月）ではプレオーダー（予約販売）を受け付けています[注5]。2017年11月に開催されたAWSの年次イベントre:Invent 2017では、Deep Lensを扱うワークショップの参加者にDeepLensが先行配布されました。なお2017年12月現在、日本での販売に関する情報はありません。

DeepLens自体はIntel製SoC（System on a chip）のLinuxボックスにUSBカメラを搭載したごく一般的なデバイスです。しかし、AWSサービスと連携するソフトウェアがプリインストールされているので、カメラで撮影した画像をその場で解析しその結果をAWSに送信するという一連の処理をすぐに実行することが可能です。DeepLensと連携するAWSサービスの概念図を**図3**に示します。

処理を実行するアプリケーションプログラムは、AWS GreengrassによってAWSクラウド上で開発し、デプロイできます（**図4**）。アプリケーションで行う画像解析は機械学習の仕組みを利用しています。

機械学習には、画像や音声などの大量の情報から特徴を検出し、その特徴が何に該当するかを推論するためのモデルを作成する学習フェーズと、その推論モデルを使って、新しい情報が何に該当するかを

注5　URL https://www.amazon.com/dp/B075Y3CK37

導き出す推論フェーズがあります。

DeepLensの場合、Amazon SageMakerによるAWSクラウド上でのモデルの学習（図5）と、DeepLensに内蔵されたGPUを用いたディープラーニングによる推論の2段階で行われます。

DeepLensは、利用開始時にAmazon SageMakerで作成されたモデルをダウンロードします。顔や物体認識の機械学習モデルであれば、容量としておおよそ100MBぐらいです。

以降は、その機械学習モデルを使用して、推論フェーズをDeepLensのデバイス上で行います。USBカメラから得られた動画に対して機械学習モデルを

■図3　DeepLensとAWSの連携

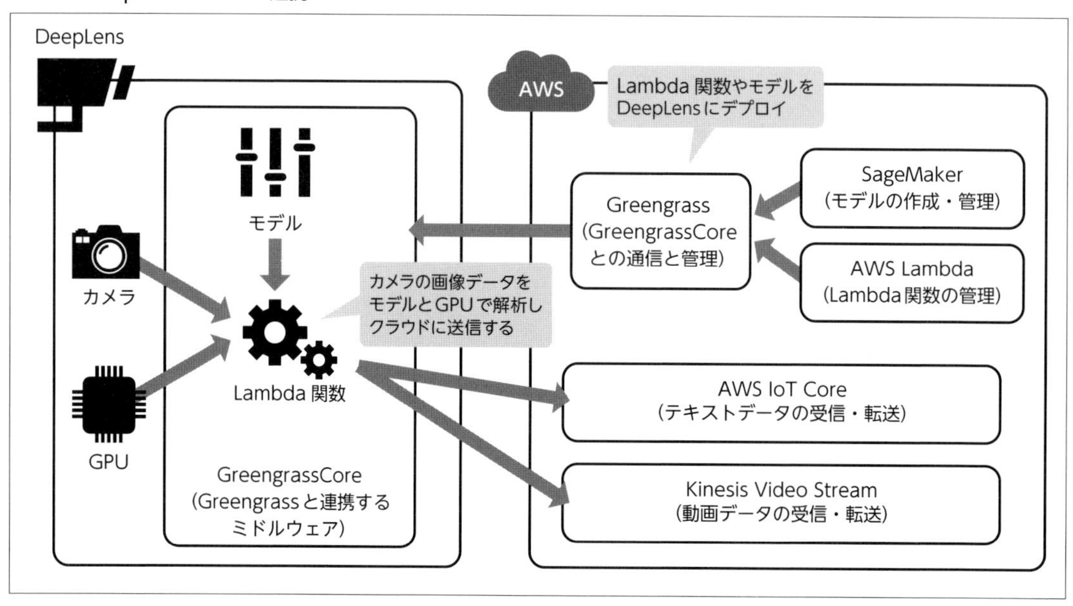

■図4　Greengrassで実行するプログラム（Lambda関数）の開発画面

適用し、推論を行い、そして認識対象の物体がカメラに写ったタイミングで、サーバサイドに通知します。たとえば解析結果をMQTTを使ってAWS IoT Coreへ通知します（**図6**）。動画データをAmazon Kinesis Video Streamsに送信し、クラウドで動画形式の変換や保存などストリーム処理を行うこともできます。

DeepLensをIoTシステムとして見直してみると、以下の設計ポイントが挙げられます。

1. アプリケーション開発の仕組みをクラウドに集約
2. サーバサイドでのクラウドサービス活用

■図5　SageMakerのトレーニングジョブ作成画面

Amazon SageMaker ＞ ジョブ ＞ トレーニングジョブの作成

トレーニングジョブの作成

トレーニングジョブを実行すると、Amazon SageMaker は分散コンピューティングクラスターをセットアップし、トレーニングを実行して、トレーニングが完了するとクラスターを削除します。結果として生成されるモデルアーティファクトが、トレーニングジョブの作成時に指定した場所に保存されます。 詳細はこちら

ジョブの設定

ジョブ名
SampleTrainingJob
最大 63 文字の英数字を使用できます。ハイフン (-) は含めることができますが、スペースは含めないでください。AWS リージョンのアカウント内で一意である必要があります。

IAM ロール
Amazon SageMaker requires permissions to call other services on your behalf. Choose a role or let us create a role that has the AmazonSageMakerFullAccess IAM policy attached.
AmazonSageMaker-ExecutionRole-20171226T151771

Algorithm
Amazon SageMaker provides high-performance, scalable machine learning algorithms optimized for speed, scale, and accuracy for running on extremely large training datasets. 参照 Using Built-in Algorithms with Amazon SageMaker You can also provide scripts for using deep learning frameworks, or use your own custom algorithms. 参照 Using Your Own Algorithms with Amazon SageMaker
Linear Learner

入力モード
File

リソース設定

インスタンスタイプ　ml.p3.16xlarge
インスタンス数　10
インスタンスあたりのボリュームサイズ (GB)　10

■図6　DeepLensの解析結果をAWS IoTの画面で表示

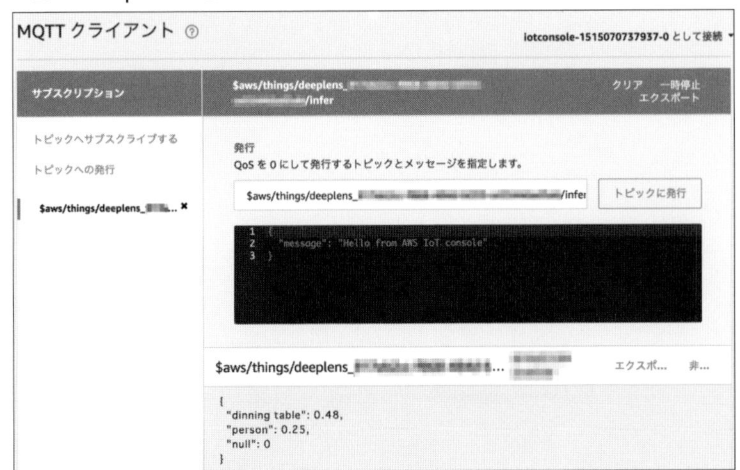

アプリケーション開発をクラウドに集約

DeepLensのようなデバイスを利用するIoTシステムを構築するのであれば、デバイスで実行するクライアントサイドのプログラムとクラウドで実行するサーバサイドのプログラムを別々に開発するのが一般的です。

DeepLensでは、それらのアプリケーション開発をクラウド側に集約し、共通のプログラミング言語や共通のデプロイフローでの開発を実現しています。集約によるメリットとして、開発エンジニアのスキルセットの流用やデバイスで実行するアプリケーションのバージョン管理の効率化が考えられます。モダンなWeb開発のエッセンスをデバイスのアプリケーション開発に持ち込んだ例と見ることもできます。

このような仕組みを実現するために、DeepLensではAWS Greengrassを採用し、クラウドからのアプリケーション（Lambda関数と言います）のOTAアップデートを実現しています。また、デバイスが常に広帯域なインターネットアクセス環境にあるとは限りませんので、Greengrassではオフライン環境でのアプリケーション実行やメッセージ基盤なども提供されます。

サーバサイドでのクラウドサービス活用

DeepLensで利用するモデルのトレーニングとデータの送信先は、既定でクラウドサービスを採用しています[注6]。いずれのクラウドサービスもサービスの運用はAWSが行うため、ユーザーがサービス基盤の構築や運用管理を行う必要はありません。

IoTシステムのサーバサイドを一から設計するのに比べ、実績あるクラウドサービスを利用することでシステムの大規模化にかかる設計コストを抑えられます。機械学習におけるモデルのトレーニングには膨大なコンピュータリソースが必要ですが、SageMakerにはそれらのリソースを迅速かつ必要な分だけ確保する仕組みを備えています。

デバイスが増えてくると、解析結果の受信処理を受け持つサーバリソースの増強も必要です。サーバリソースが逼迫するとデータを受け取ることができず、データに欠損が発生する恐れもあります。DeepLensが解析したデータを送信するAWS IoT CoreやAmazon Kinesis Video Streamsは数百万デバイスからの接続にも耐えうるよう設計されており、処理したデータ量に合わせた従量課金になっています。

■図7　Alexaの仕組み

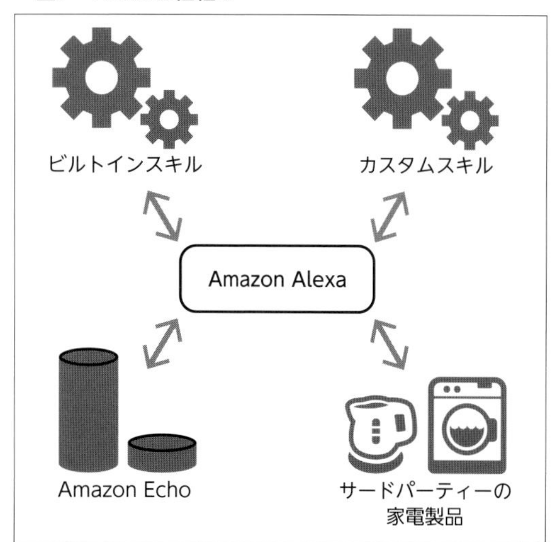

Amazon EchoとAmazon Alexa

2017年のトレンドであったスマートスピーカーは各社から続々と発売され、先だってアメリカなどで発売されていたAmazon Echoが2017年に日本語対応と日本での販売が始まりました[注7]。日本語の高い音声認識能力はもちろん、EchoのバックエンドであるAmazon AlexaがEchoの最大の特徴であると筆者は考えています。

Amazon Echoを音声を扱うIoTシステムと捉え直してみると、そのコア機能となる音声認識エンジンをAlexaが提供し、それ以外の入出力となるデバイス、ロジックであるアプリケーションを外出ししてエコシステムを形成する、典型的なプラットフォームサービスであると言えます。実際、Alexaは**音声プラットフォーム**のクラウドサービスとしてAPIが公開されており、サードパーティーのベンダーが独自の音声

注6　Lambda関数でカスタマイズすることもできます。
注7　2017年12月現在、Amazon EchoはAmazon.co.jpでの招待制で販売されています。

対応デバイスを開発できます[注8]。また、Echoで実際に動作する音声アプリケーション（Alexaではカスタムスキルと呼びます）も同様にAPIが公開されているので、誰でも開発できます[注9]。

2017年に米国で開催されたCES（Consumer Electronics Show）では、Alexa対応デバイスの開発に取り組む企業が700を超えたと大きな話題になりました。音声アプリケーションであるAlexaカスタムスキルは全世界の公開数が2万を超え、日本語版は初期リリース時に265スキルを取り揃えるなど、IoTプラットフォームの成功例として参考になると考えられます。IoTシステムを設計するときは、Alexaのように**プラットフォーム**として機能させることが可能かどうかを検討する価値があると言えるでしょう。

さて、音声アプリケーションにあたるAlexaカスタムスキルは、Alexa Skills Kitの持つAWS連携機能によってAWS LambdaやAmazon DynamoDBなどを組み合わせたサーバレスアーキテクチャでホストできます。ここではシンプルなAlexaカスタムスキルのAWS構成を紹介します（**図8**）。

注8　Alexa Voice Service (AVS)
URL https://developer.amazon.com/alexa-voice-service

注9　Alexa Skills Kit (ASK)
URL https://developer.amazon.com/alexa-skills-kit

ユーザーの発する音声に対して、以下の流れでカスタムスキルがレスポンスを返します。

① ユーザーがEchoに話しかける
② Echoは音声データをAlexaに送信する
③ Alexaは音声を解析してデータを抽出し、AWS Lambda関数を呼び出す
④ Lambda関数でカスタムスキルの処理を実行し、レスポンスのデータをAlexaに返す（必要に応じてS3やDynamoDBとデータの読み書きを行う）
⑤ Alexaはレスポンスのデータを音声に変換してEchoに送信する
⑥ Echoは音声データを再生してユーザーに伝える

カスタムスキル開発のための無償のWebコンテンツ（URL https://developer.amazon.com/ja/alexa-skills-kit/training/building-a-skill）やコンテストなども開催されているので、音声アプリケーション開発に興味があれば参照・参加してみるのはいかがでしょうか。

■図8　カスタムスキルの構成

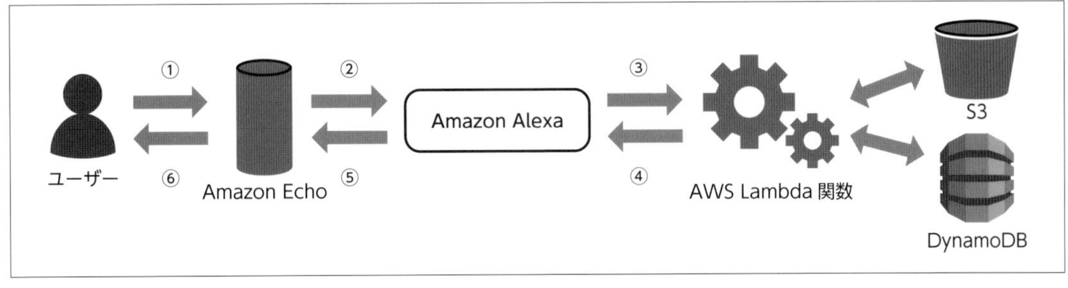

Alexa for Business

Column

Amazonが販売するEchoはホームユースが主ですが、ビジネス向けのAlexa for BusinessがAWSから発表されています。オフィスの執務スペースや会議室、商業施設などで音声を媒介したビジネスコミュニケーションの草分けとして、今後のAlexaの展開に目が離せません。

- Alexa for Business – 組織に Alexa の力を
  URL https://aws.amazon.com/jp/alexaforbusiness/

AWSの主要サービスと構成例

ここでは典型的なIoTシステムを例に挙げ、AWSの主要サービス（表1）を活用した構成例を3つ紹介します。それぞれの特徴を見ていただき、実際にIoTシステムを設計するときの参考にしてください。

構成例1 シンプルなWebスタック＋SORACOM Beam

一般的なWebアプリケーションスタックのアーキテクチャと同様に、ロードバランサのELBを用いてデバイスからのリクエストを受け付けます。リクエストをアプリケーションサーバを実行するAmazon EC2に転送すると、サーバアプリケーションではデータをAmazon RDSのデータベースサーバに保存します（図9）。

デバイスの識別や認証の機能はWebアプリケーションで実装し、それに合わせてデバイスでプログラムを開発し、識別や認証の情報をセットして実行します。

デバイス側の回線でSORACOMが利用できるのであれば、データ転送支援サービスのSORACOM

■表1 AWSの主要サービス一覧

サービス名	説明
Amazon EC2 (Elastic Compute Cloud)	仮想マシン
ELB (Elastic Load Balancing)	ロードバランサ
Amazon ECS (Elastic Container Service)	Dockerコンテナ
Amazon S3 (Simple Storage Service)	オブジェクトストレージ
Amazon Kinesis	ストリーミング処理
Amazon RDS (Relational Database Service)	データベース
Amazon DynamoDB	NoSQLデータベース
Amazon VPC (Virtual Private Cloud)	仮想プライベートネットワーク
AWS IAM (Identity and Access Management)	認証、アクセス制御
Amazon CloudWatch	監視、アラーム通知、ログ管理
Amazon API Gateway	RestfulなAPIゲートウェイ
AWS Lambda	サーバレスコンピューティング

■図9 構成例1

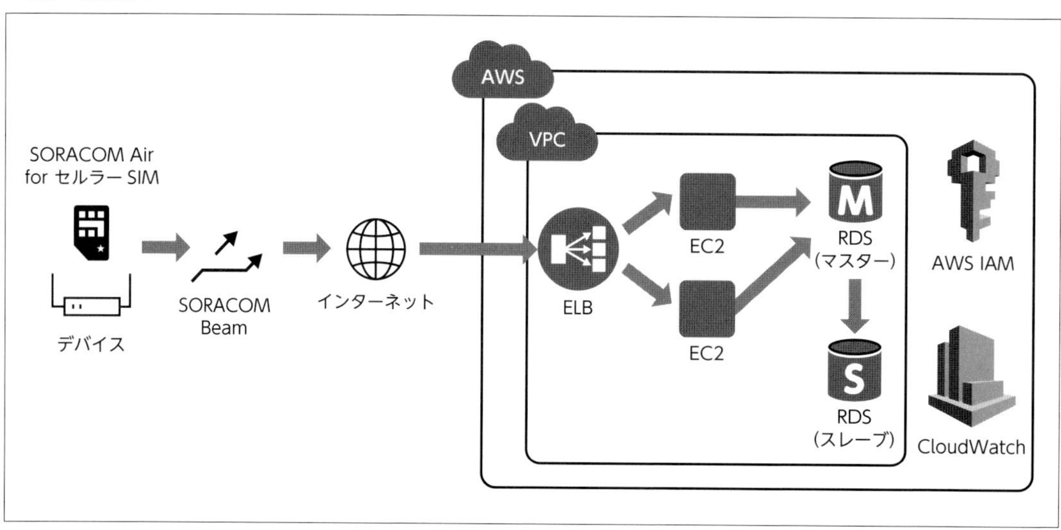

Beamを組み合わせることで、通信内容の暗号化や認証情報の付与をデバイスからオフロードすることも可能です。

構成例2 サーバレス + SORACOM Beam

2つ目の構成例は、サーバレスでWebアプリケーションを構成するパターンです。

デバイスからのリクエストを受けるAPI Gateway、そこから呼び出すAWS Lambdaでサーバアプリケーションを実行し、データはDynamoDBに保存します(**図10**)。

デバイスの識別や認証の仕組みはLambda関数で実装する他に、API Gatewayの認証関連機能を利用することもできます。構成例1と同様、SORACOM Beamの活用が有効です。

構成例3 IoT向けクラウドサービス + SORACOM Funnel

3つ目の構成例は、AWSのIoT向けクラウドサービスを組み合わせる構成パターンです。

センサーデータであればデバイスからのリクエストをKinesis Data Firehoseで受け付けてAmazon S3に保存します。デバイスをITシステムで再現・制御する"デジタルツイン"の概念を実現するのであれば、AWS IoT Coreのデバイスシャドウを用いてデバイスとAWS IoT間で状態情報を管理します(**図11**)。

Kinesis Data FirehoseはHTTPS、AWS IoT Coreは

■ **図10 構成例2**

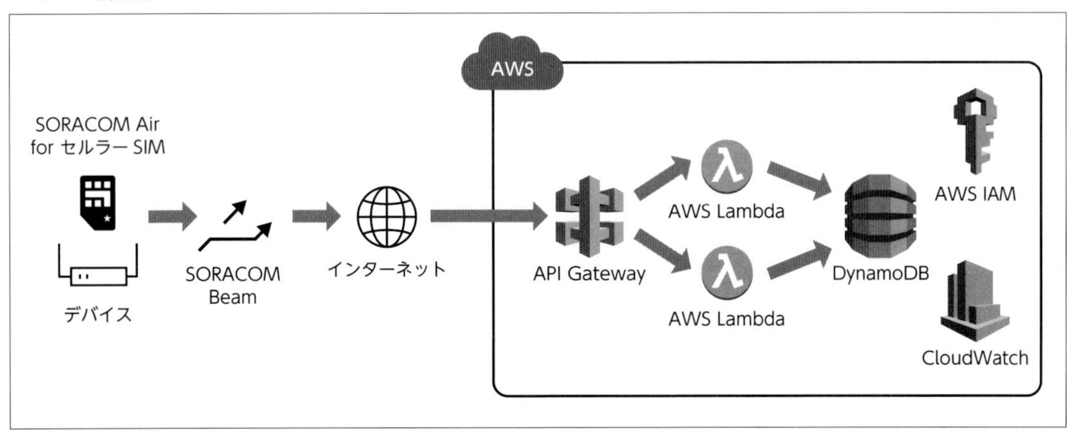

■ **図11 構成例3**

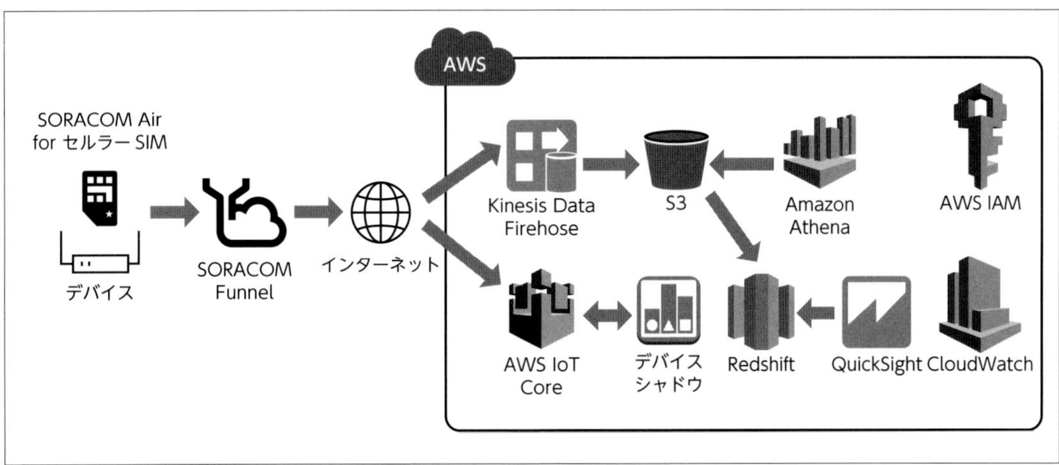

MQTTSで接続するので、デバイスでそれぞれに対応するプログラムを開発し、認証情報を付与します。回線でSORACOMが利用できるのであれば、クラウドリソースアダプタのSORACOM Funnelの組み合わせが有効でしょう。

S3に保存されたデータは、AWSやサードパーティーのデータ分析サービスで活用できます。たとえば、Amazon AthenaでSQLライクにデータを取り出したりAmazon Redshiftにロードするなどして、Amazon QuickSightやTableau DesktopなどのBIツールで可視化するのもよいでしょう。

いずれの構成でも、運用のためにサービスの動作状態やログを監視するAmazon CloudWatch、サービス間の連携や管理者からのアクセスを許可するAWS IAMが適切に設定されていることが重要です。AWSのサービス選びや設定内容に迷うことが多ければ、AWSのコンサルティングパートナーに支援を依頼するのもよいでしょう（URL https://aws.amazon.com/jp/partners/premier/#japan）。

まとめ

本節では、AWSでのIoT向けシステムの例としてAWS DeepLensとAmazon Alexa、それに典型的な構成パターンをいくつかご紹介しました。AWSから魅力的なクラウドサービスが次々とリリースされる中でどのように適切なサービスを選択し、IoTシステムを構築・運用を効率化できるか考えてみてください。

Column クラウドサービスの採用／不採用を判断するポイント

AWS DeepLens、Amazon AlexaともにAWSのクラウドサービスをフル活用した例として取り上げました。では、これから構築するIoTシステムでは必ずクラウドサービスを採用するべきなのでしょうか？

筆者の答えは、「そうとも限らない」です。たしかにクラウドサービスを利用することで、開発、設計にかかるコストを節約したり、伸縮性のあるシステムをリーズナブルな価格で構築することが可能です。その一方で、以下のような理由から意図してクラウドサービスを採用せずEC2をベースとしてサーバアプリケーションを独自に開発するケースも考えられます。

- **クラウドサービスとの仕様のすり合わせ**：プロトコルやデータ形式、認証方式など技術仕様やメンテナンスウィンドウなど運用面の仕様のすり合わせが難しい場合
- **競争力の源泉となるコンポーネント**：サービス事業者では競合他社との技術的な差別化やサービスラインナップの差別化の手段として独自開発のアプリケーションを選択する場合

クラウドであれば後から独自開発からクラウドサービスへの移行、逆の移行も検討できますので、システムの設計時点でベストな選択ができればよいのでは、と筆者は考えます。

ソフトウェアの巨人が見据えるIoTの行方

3.3 Microsoft Azure

本節では、包括的なサービス提供するMicrosoft Azureを使って、IoTシステムを設計する方法について解説します。

日高 亜友　HIDAKA Atomu

はじめに

Microsoft Azure（以降、Azure）は、PaaS（Platform as a Service）、IaaS（Infrastructure as a Service）、SaaS（Software as a Service）のほか、FaaS（Function as a Service、サーバレスアーキテクチャ）にも対応し、Microsoftやサードパーティが提供するさまざまな機能を組み込むことが可能なクラウドサービスです。

Microsoftが提供するサービスとはいってもWindowsもLinuxもサポートしており、開発環境にC#やVisual Studioが必須ということはありません。昨今のMicrosoftはオープンソースコミュニティと共存しながら進化しています。

図1にMicrosoftが想定しているIoTシステムを示します。この図は「Microsoft Azure IoTリファレンスアーキテクチャ」（英語版）のサブセットとなっています[注1]。

図2には、サンプルシステムとして公開されてい

注1　URL https://azure.microsoft.com/ja-jp/updates/microsoft-azure-iot-reference-architecture-available/

■図1　Microsoftが想定するIoTシステム

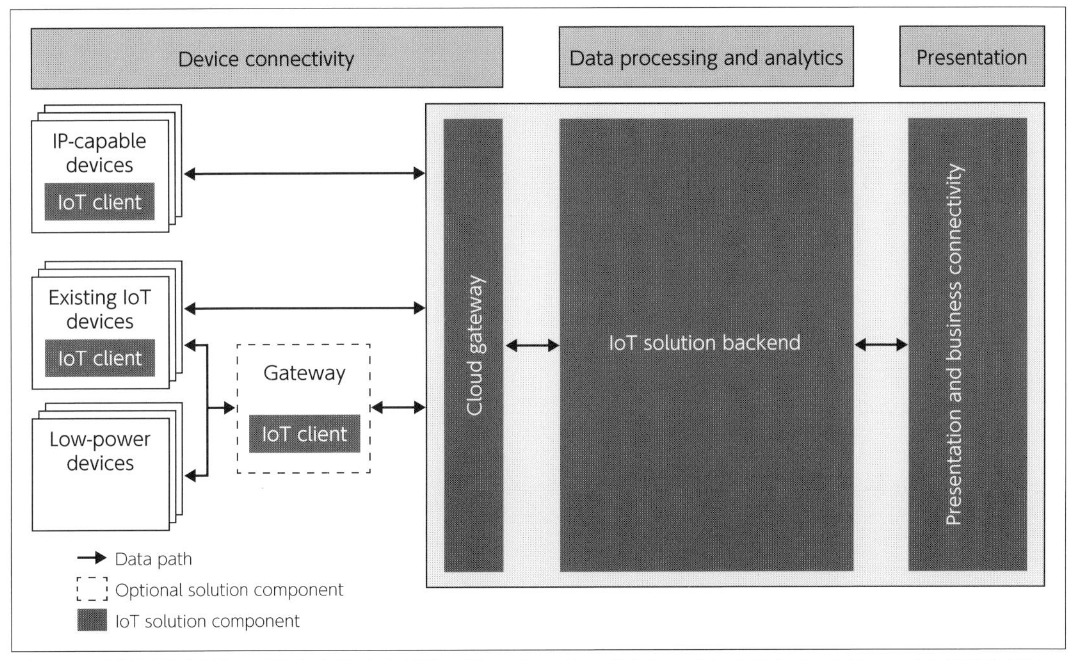

出典：Microsoft社Webサイトの「Azureとモノのインターネット」（https://docs.microsoft.com/ja-jp/azure/iot-suite/iot-suite-what-is-azure-iot）にある「IoTソリューションのアーキテクチャ」の図を元に作成

■図2 リモート監視のPaaS構成

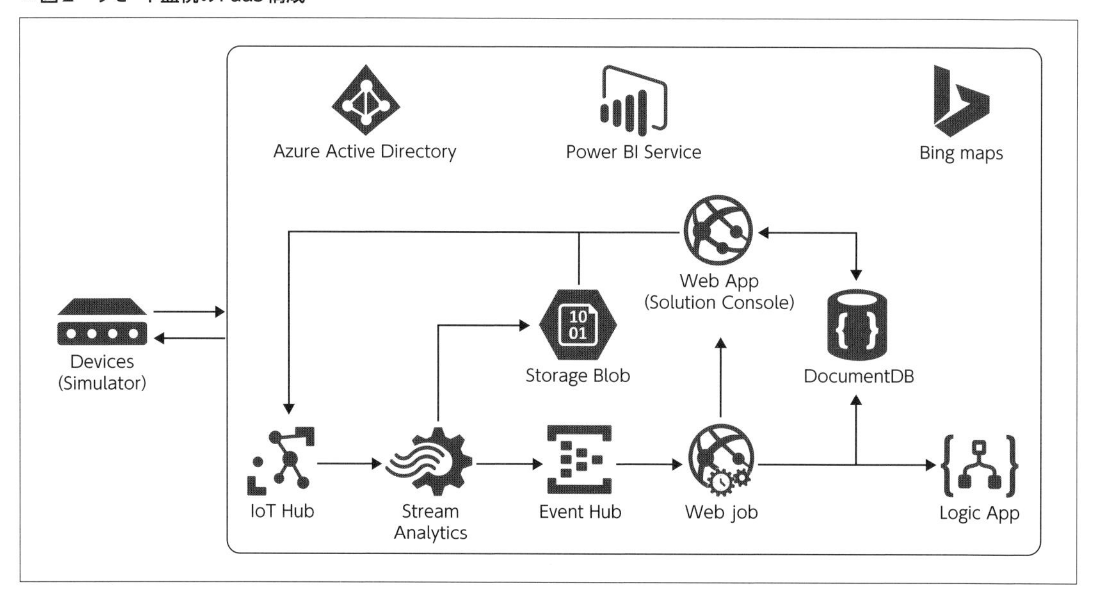

る「Azure IoT Suite」の中の「リモート監視」(Remote Monitoring)のクラウドサービス構成例を示します。

リモート監視ソリューションは、Azure IoT Suiteが用意している仮想的なIoTシステムのシナリオの事例です。これをもとに、設計にあたってどういう基準でサービスを選ぶのかフローチャートで示します(図3)。このサービスの組み合わせによるメリットは次のとおりです。

- Azure IoT Suiteで用意しているシナリオを利用する場合、開発工数が削減できる
- 解説資料が豊富で、典型的なAzure IoTシステムの構成方法をソースコードから学習できる
- このシステムでは典型的なAzure PaaSのIoT向けサービスであるIoT Hub、Stream Analytics、Web App/WebJobs、Power BIをデータの入り口から出口まで網羅して使用しているため、それらのサービスについて学習できる

なお、構成する各サービスの特徴は、後述の項「主要なPaaSサービス」にまとめています。

■図3 Azure IoTサービス選択チャート

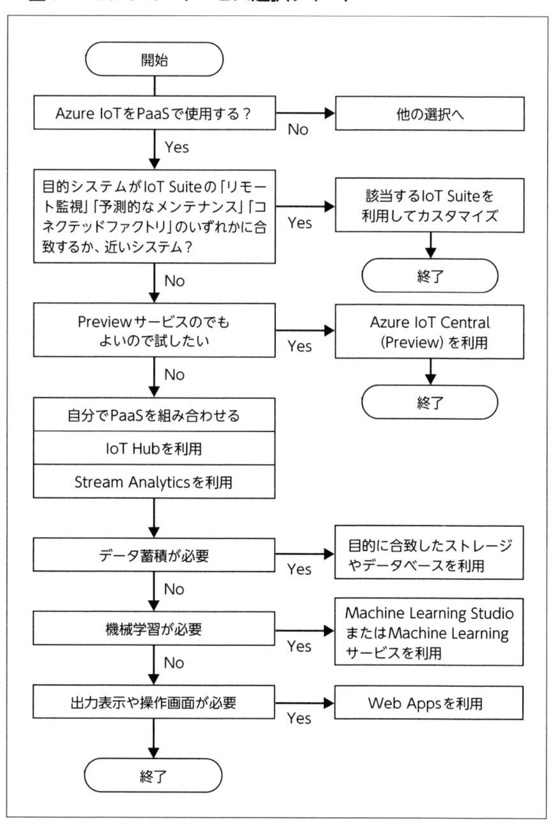

PaaS化のメリット

2015年に「デバイスとの出入口」に相当するIoT Hubサービスとそれを使用したAzure IoT Suiteが公開されてから、AzureのIoTシステム構築はPaaS化が進みました。AzureのIoTシステムでは、IoT Hubサービスが図1の「Cloud gateway」を担当します。このようにPaaSを使ったクラウドサービスでは、各種の専用機能を持つAzureサービスを選択して組み合わせて実装します。IoTシステムでPaaSを採用するメリットは、次のようにいくつもあります。

- 最適かつスケーラブルな構成
- 開発コストの減少
- 運用コストを最適化
- システムのメンテナンス性向上

最適かつスケーラブルな構成

Azureでは、ストレージだけでも10種以上のサービスがあるなど、利用するサービスが細分化され価格体系もサービスごとに細分化されているため、利用目的や扱うデータの性質に合わせたサービスを選択して組み合わせることが可能です。

開発コストの減少

開発作業の多くは、「Azureポータル」と呼ばれる管理用サイトにログインしてブラウザで作業します。特別な環境を構築する必要がないため、コーディングやソフトウェアインストールの工数を削減でき、システム構築やメンテナンスが容易で開発コストの減少につながります。図4にAzureポータルの表示例を示します。

運用やメンテナンスコストを最適化

運用状況に合わせて各サービス性能やスケール、費用を選択できます。運用システムの更新やサービスの更新時は、影響するサービスのメンテナンスだけを行うだけで済むためメンテナンスにかかるコストを抑えられます。

■図4　Microsoft Azureポータルの表示例

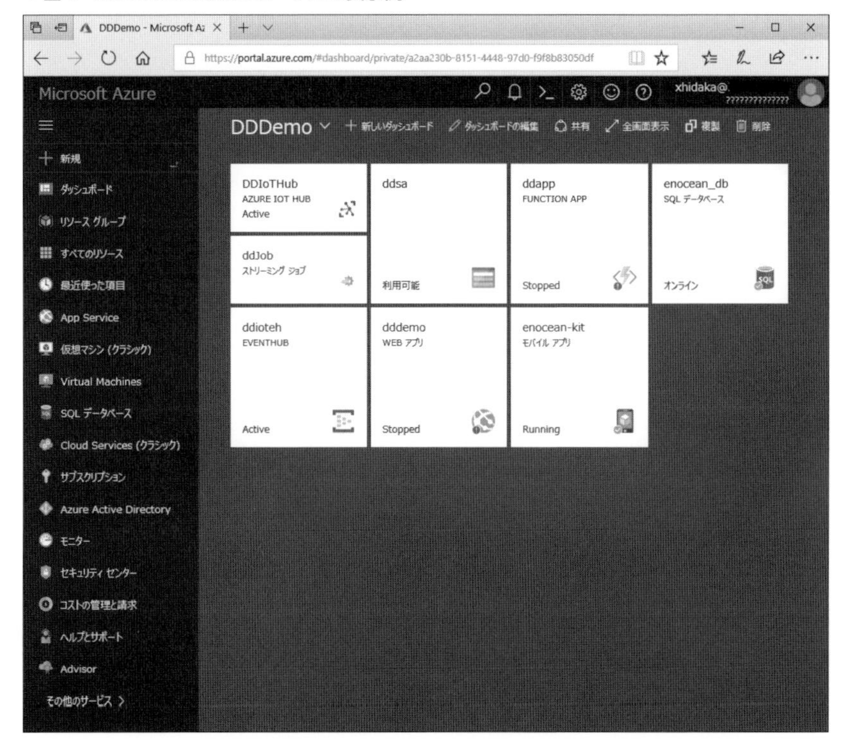

まずは試してみることが大事

PaaSを構成するサービスの多くはAzure独自のものが多く、名称や用語も日本語とカタカナ、英語が混在で訳語が不統一な面があり、初めての人にはわかりづらいかもしれません。しかし以下で紹介するように豊富なサポート資料があり、それらの解説資料の多くは日本語で提供されているので、とりあえずは試してみることをお勧めします。

Azureの利用に必要な「サブスクリプションライセンス」と呼ばれるアカウントは、評価用に無償で作成して利用できます。試すには次に挙げるアプローチがあります。

- Azure IoT Suites
- Azure IoT SDK
- 事例集とサンプル
- Azure IoTハンズオン

Azure IoT Suites

典型的なIoTシステムの事例として、次の3種類のシステムが提供されています。

- リモート監視（Remote Monitoring）
- 予測的なメンテナンス（Predictive Maintenance）
- コネクテッドファクトリ（Connected Factory）

いずれもIoTの全システムの全ソースコードがGitHubで公開され、解説とチュートリアルのビデオがあるため、Azureのライセンスがあればデプロイ（プロビジョニング）して実際の動作を試せます。デバイス部分はシミュレーターやVMなどのソフトウェアをシミュレーションしているため、動作に実デバイスは必要ありません。これらの一部を改造したり実デバイスや実システムに置き換えたりすることで、実用的なIoTシステムを構築できます。

＋リモート監視

リモート監視は、多数のデバイスの温度や湿度を集中管理するシステムです。Azure IoTサービス理解の入門的な役割を持ち、「デバイスツイン」と呼ばれるIoT Hubのデバイス管理機能を試せます。ルールを登録して、指定値を超えた場合に警告メッセージを送るといった基本的な動作をサポートしています。

＋予測的なメンテナンス

予測的なメンテナンスは、IoTによる「予知保全システム」です。仮想的な航空機のエンジン運用データをもとにAzure Machine Learningを使用して障害が発生を予測するシナリオを提供しています。これには動作検証済のML Studioのワークスペースが含まれています。エンジンデバイス部はWeb Jobで作られたシミュレーターで実現しており、IoT Hubと入出力の双方向で接続しています。図5に「予測的なメンテナンス」のPaaSサービス構成を示します。

＋コネクテッドファクトリ

コネクテッドファクトリは、接続された複数の工場の総合設備効率（Overall Equipment Effectiveness：OEE）と主要業績評価指標（Key Performance Indicator：KPI）を算出して運用を監視します。

工場内の運用データはすべて、Industry 4.0規格でも標準採用されている通信プロトコルOPC UAを介して収集します。そのためこのソリューションにはシミュレートされたOPC UAサーバ（データ供給側）とそのデータを参照するOPC UAクライアント（データ処理側）、OPC UAサーバとIoT Hubのデータ転送を担当するIoT Edgeのコードが含まれています。さらにデータ監視には、時系列データの監視と解析に最適なTime Series Insightsを使用します。Azureに接続するシステムのデバイス側は、OPC UAで接続された工場システム全体です。この工場システムは動作をシミュレートしたシステムがLinux VMとして提供されています。図6にコネクテッドファクトリのPaaS構成を示します。

ここで紹介したAzure IoT Suitesを利用、学習する際に有用な情報は以下に掲載されています。

- Azure IoT Suiteと構成済みソリューションのラーニングパス

■図5　予測的なメンテナンスのPaaS構成

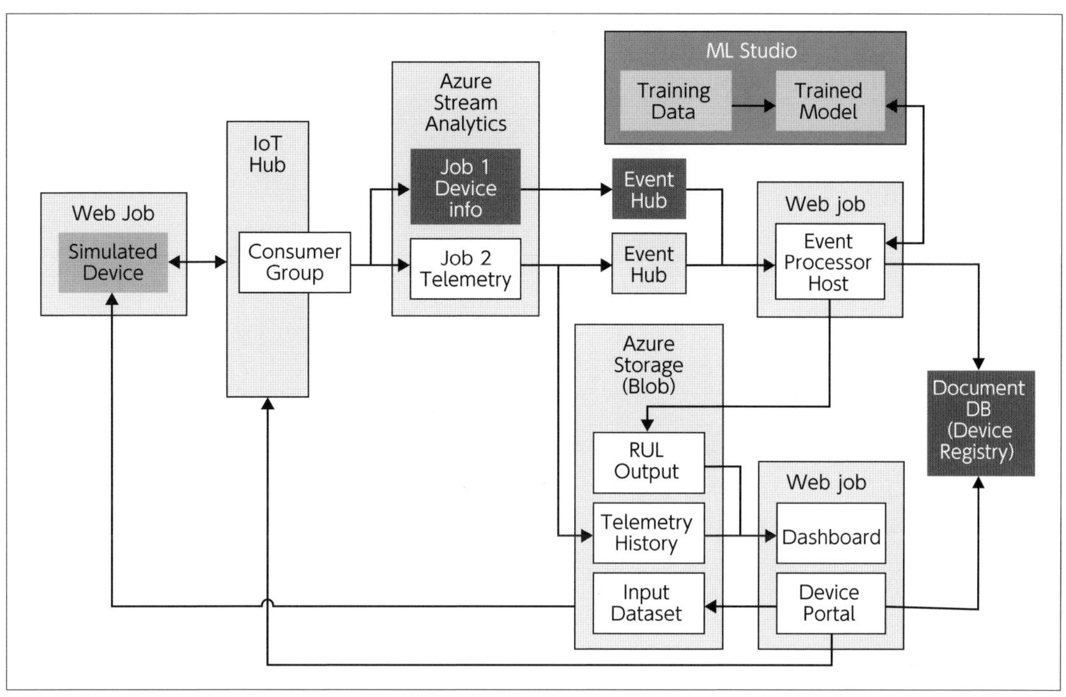

出典：Microsoft社Webサイトの「予測的なメンテナンスの構成済みソリューションのチュートリアル」（https://docs.microsoft.com/ja-jp/azure/iot-suite/iot-suite-predictive-walkthrough）にある「論理アーキテクチャ」の図を元に作成

■図6　コネクテッドファクトリのPaaS構成

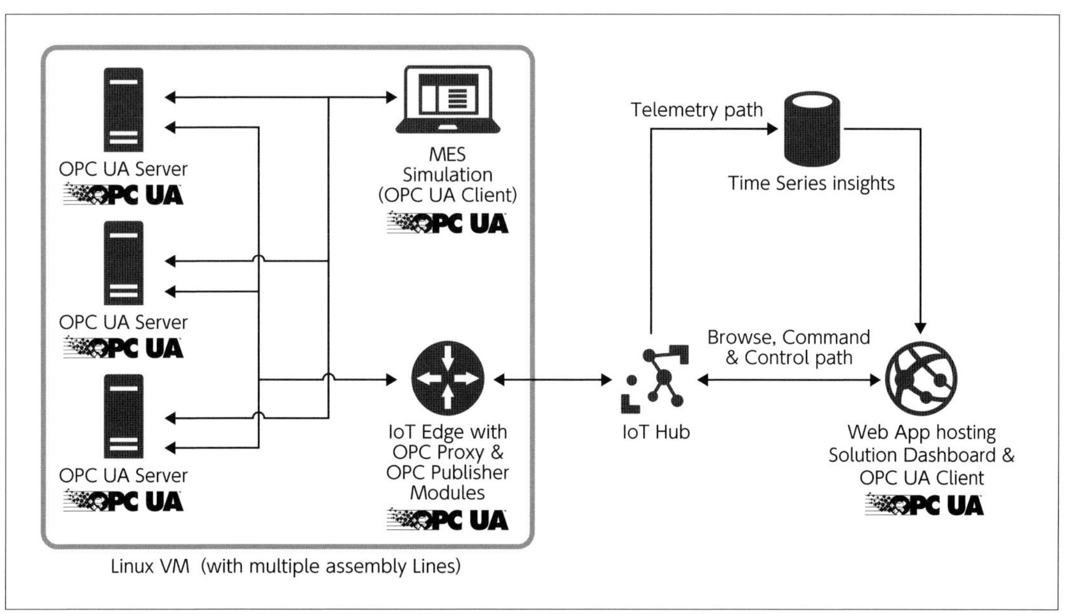

出典：Microsoft社Webサイトの「コネクテッドファクトリ事前構成済みソリューションのチュートリアル」（https://docs.microsoft.com/ja-jp/azure/iot-suite/iot-suite-connected-factory-sample-walkthrough）にある「論理アーキテクチャ」の図を元に作成

URL https://azure.microsoft.com/ja-jp/documentation/learning-paths/iot-suite/

Azure IoT SDK

IoT用のSDK（ソフトウェア開発キット）として次の3種類のSDKがサンプルソースとともに公開されています。すべてGitHubのオープンソースとして公開され、頻繁に更新されています。

- IoT Device SDK
- IoT Service SDK
- IoT Azure IoT Edge

✚ IoT Device SDK

Device SDKを使用して、デバイス上でIoT Hubに直接接続するIoTアプリケーションを構築できます。IoT Hubとのセキュアな通信プロトコルをサポートして、テレメトリ（各種センサーデータ）を送信し、必要に応じてIoT Hubからのメッセージを受信します。SDKは、.NET（C#）、Java、Node.js（JavaScript）、Python、ANSI C（C99）の各言語および環境で記述したものが提供されています。C言語で記述されたDevice SDKは、「C用 Azure IoT device SDK」という名称で解説され、Windows、Linux、mbed、Arduinoの4種類のプラットフォームをサポートしています。

✚ IoT Service SDK

Service SDKは、IoT Hubを利用してデバイスとのメッセージ通信をサポートする、クラウド側のサービスアプリ開発向けのSDKです。

GitHubでは、言語別にIoT Device SDKとともに公開されています。

✚ IoT Edge

Azure IoT Edge（旧名：IoT Gateway SDK）は、IoT Hubに直接接続できないIoT Edgeデバイス用のIoT Hub接続ゲートウェイ構築をサポートします。次のようなデバイス用のIoTゲートウェイサンプルコードをSDKコードツリーに含んでいます。

- **ble**
  Bluetooth low energy（BLE）
- **hello_world**
  "hello world" メッセージ送信
- **identitymap**
  MACアドレスのマップをIoT Hubに送信
- **iothub**
  IoT Hubとのメッセージ送受信
- **logger**
  受信メッセージのファイル出力
- **simulated_device**
  BLE温度センサーデバイスをシミュレート
- **azure_functions**
  Azure Functionsにメッセージを送信

これらとは別にIoT Edge技術に基づく次のコードが個別に公開されています。

- OPC Publisher
- OPC Proxy
- Modbus
- GZip Compression
- Proficy Historian
- SQLite
- Batch/Shred

すべてANSI Cで記述され、V1（Version 1）ではCMakeとPythonスクリプトを巧みに使用して、同一ソースコードでIntel EdisonなどのYocto Linuxクロス開発環境から、Linux各種ディストリビューションとWindowsのVisual Studio環境までをビルド環境としてサポートしていました。

しかし2017年末にリリースされたV2（Version 2。原稿執筆時点でPublic Preview）はDocker Container経由でのサポートとなり、Dockerがサポートされない環境では利用できなくなりました。V1では動作していたLinuxクロス環境やRTOSでの動作がサポートされないため、敷居が高くなっています。また、V2のインストールはAzureポータルにログインして直接ゲートウェイデバイスに展開する方式になりました。

事例集とサンプル

IoT SuitesやSDKのサンプルとは別に、次のサンプルや事例が多数公開されています。

- マイクロソフトのIoTお客様事例
  URL https://www.microsoft.com/ja-jp/internet-of-things/customer-stories
- 技術事例集（Technical Case Studies）
  URL http://microsoft.github.io/techcasestudies
- Azureのコードサンプル
  URL https://azure.microsoft.com/ja-jp/resources/samples/

Azure IoTハンズオン

日本マイクロソフト株式会社のエバンジェリストである太田寛氏が作成している、ハンズオントレーニングのテキストが次のサイトで公開されています。

URL http://aka.ms/IoTKitHol

URL https://github.com/ms-iotkithol-jp/IoTKitHoLV4

主要なPaaSサービス

AzureでIoTシステムを構築する際に有用なPaaSサービスを解説していきます。

Event Hub、IoT Hubとデバイスツイン

Event Hubはスケーラブルで高スループットかつセキュアなデータストリームプラットフォームで、データやイベントの出入口として利用できます。

IoT HubはEvent HubをIoT向けに拡張したものです。実際IoT Hubがリリースされるまでは、IoTデータの入出力にEvent Hubが利用されていました。IoT HubはIoTデバイスとの通信に次のセキュアなプロトコルだけを使用します。

- MQTT ポート8883
- MQTT over WebSocket ポート443
- AMQP ポート5671
- AMQP over WebSocket ポート443
- HTTPS（TLS/SSL）ポート443

IoT HubとEvent Hubsの違いについては、次のページがよくまとまっています。

URL https://docs.microsoft.com/ja-jp/azure/iot-hub/iot-hub-compare-event-hubs

一番のポイントは、IoT Hubは「クラウド外部のIoTデバイスとの通信に特化」している点です。一方でEvent Hubは「クラウド内部やデータセンター内での片方向のメッセージやイベント通知」に利用されます。

また、IoT HubはIoT用のデータ出入口として設計・開発されているため、特別な事情がない限りは、開発工数や他のサービスとの接続性、運用コストも含めて多大なメリットを提供するIoT Hubを使用するべきです。下記にIoT Hubを利用するメリットを紹介します。

- 多数のサンプルが利用できる
- Device Explorerなどの開発用ツールが利用できる
- デバイスツインのデバイス管理機構が利用できる
- Stream Analyticsと組み合わせて利用しやすい

Stream Analytics

Stream Analyticsは、リアルタイムで動作するイベント処理エンジンです。複数のストリームデータを対象に、リアルタイムに演算、分析の処理を行い、パイプライン出力します。IoTシステムでは通常、IoT Hubの直後にStream Analytics配置してデバイスからの入力データに対して選択、コピー、振り分けといった処理を行います。その際にEvent HubやBlob Storageを経由して、Webサイト、他のサービスやアプリケーションからのデータやファイルデータを参照、入力することもできます。図7にStream Analyticsの構成と動作を示します。

図7を見るとわかるようにAzure PaaS構成でIoTデータのリアルタイム処理を行う際の中心的な役割を持ちます。AzureではこのStream Analyticsの使いこなしが、効率的なIoTシステム構築の鍵になります。

■図7 Stream Analyticsの構成と動作例

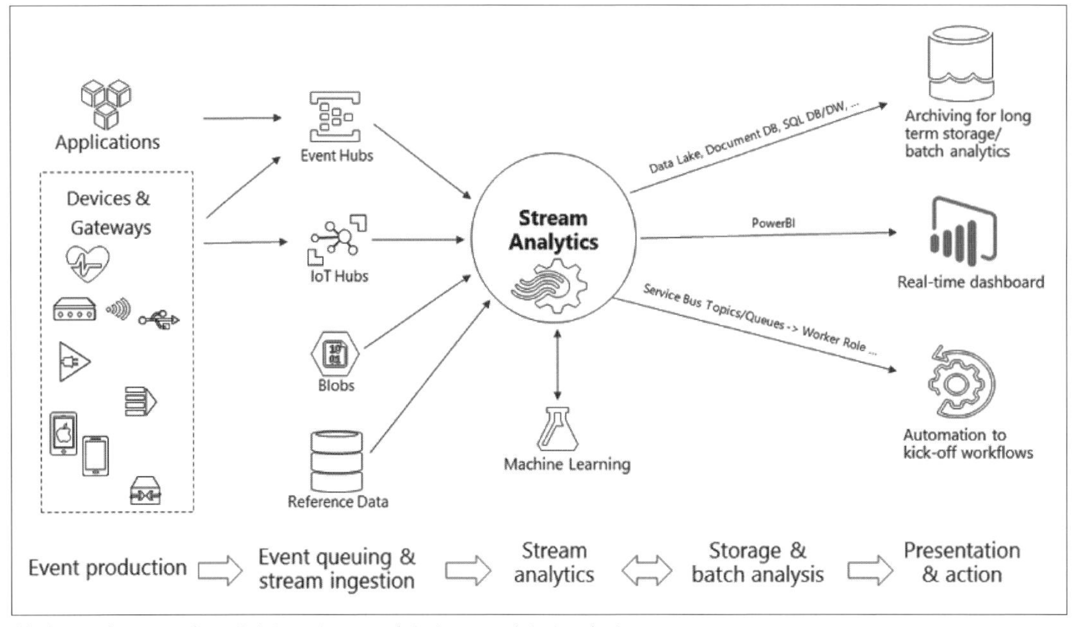

出典：https://docs.microsoft.com/ja-jp/azure/stream-analytics/stream-analytics-introduction

Q: Stream Analyticsが「なかったら」どうなりますか？

Column

A: いくつかの選択肢があります。Stream Analyticsはイベント処理機能を持ちますが、IoT入力データのメッセージブローカーの役割があります。これがない場合（実際のところ以前はなかった訳ですが）、PaaS構成では次のような方策が取られます。

- 入力データをいったん丸ごとストレージに保管して、必要に応じてそのストレージから読み出して利用します。ストレージに入れる際にデータの加工はできないため、デバイス側で用意するデータ形式（レコード）の工夫が必要です。目的に応じてデータ形式の制約がないBLOB Storageや高速大容量データに適したHDInsightなど、さまざまなストレージを選択できますが、一般的にはStream Analyticsを利用するより、費用対効果（効果＝性能、容量）が悪くなります。
- Stream Analytics同種の機能を提供するメッセージブローカーを自分で作ることも可能です。一般的にはRest APIでJSON形式のデータ授受となるので、ストリームデータ処理性能が悪くなりますが、別のクラウドシステムからの移行やソース共有化などの事情により、考えられる選択肢です。
- そのほか大容量データ処理で広く使われている、Apache Kafka/Stormを利用する方法があります。HDInsightのコンポーネントに含まれ、簡単にクラスタ実行できるのですが、その分費用は高めです。

一方で今後のIoTシステムの中心になっていくエッジコンピューティングでは、高速、大容量なデータはローカルで処理するため、原則としてPaaSのStream Analyticsは使いません。エッジコンピュータで処理済みのデータをIoT HubではなくFunctionsやEvent Gridにデータを投げて処理するようなシステム構成が考えられます。補足すると、IoT Edge SDK V2では、エッジコンピュータ上でStream Analyticsが動作します。これはDocker上で組み合わせて、Azure IoT Edge用AI ツールキット（AI Toolkit for Azure IoT Edge）などと組み合わせて利用する場合には便利ですが、必須の機能ではありません。

App Services、Web Apps、WebJobs

App Servicesは、以下のWebベースのサービスの統合名です。

- **Web Apps**
  Webページと Webアプリ
- **Web App for Containers**
  コンテナ化されたWebアプリ
- **Mobile Apps**
  モバイルデバイス用Webアプリ開発サポート
- **API Apps**
  Web API開発

IoT開発でよく利用されるのは、Web Appsです。.NET Core、.NET Framework、Node.js、PHP、Java、Python、HTML、Visual Studio Team Services（VSTS）を使用して開発したWebアプリをホストし、クライアントからブラウザで利用可能にします。

図8に「デバイスのデータをSQL Databaseに保存してWeb画面表示」と「Web画面で指示してデバイスにメッセージ表示」を行うシンプルなIoTシステムのPaaS構成例を示します。クラウド上でのプログラミングはStream Analyticsのクエリーのほかは、Web Appでのデータ表示とメッセージ入力処理になります。

Webジョブ（WebJobs）はhtml画面を持たないアプリです。バックグラウンドや定期的実行などの方法で、データメンテナンスやWeb Appsをサポートすることができます。Webジョブ開発用にWebJobs SDKが公開されていますが、これを使用してローカルで動作するWebジョブを開発して利用することも可能です。

Time Series Insights

大量の時系列データを保存し、管理・照会・ビジュアライズ化するツールです。「Time Series Insights エクスプローラー」と呼ばれる、カスタマイズ可能なグラフGUI上にさまざまなグラフを複数の時系列データを使って表示できます。IoT HubやEvent Hubと接続するPaaS向けのサービスですが、REST Query APIを持つため、SaaS（Software as a Service）としても利用できます。**図9**に表示画面の例を示します。

Functions、Cosmos DBとサーバレスコンピューティング

Functionsは小規模なコードまたは機能をクラウド上で手軽に実行できるサービスです。利用料金は動作コードが実行された時間分だけなのでコスト節減や最適化に貢献します。

Functionsを活用することで「Shared Nothing」とも呼ばれる、イベントドリブン型のサーバレスアプリケーションを低コストで開発できます。Functions用のプログラミング言語はC#、JavaScript、F#が現在GA（General Availability）版で、今後Python、PHP、TypeScriptなどが予定されています。

■**図8　シンプルなIoTシステムのPaaS構成**

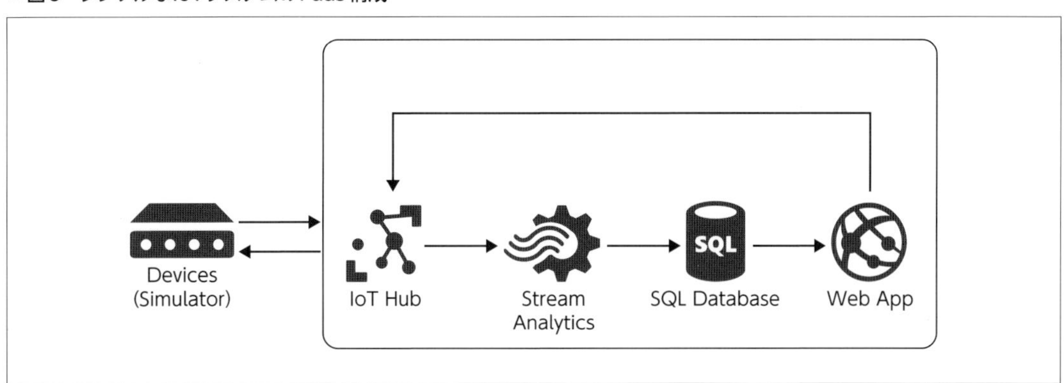

■図9 Time Series Insightsのエクスプローラー表示画面

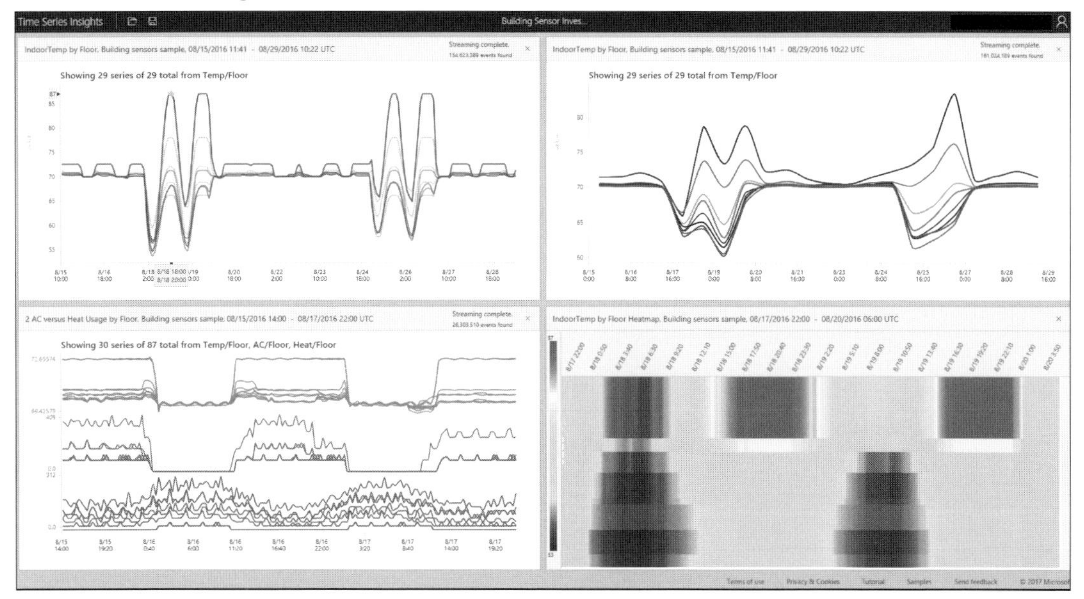

IoTシステムには、継続的に大容量データを集中処理する必要があるアプリケーションから、多地点で散発的に発生するデータ処理が中心なアプリケーションなど、さまざまな形態があります。後者の用途にFunctionsを導入すると、開発・運用ともコスト低減につながります。

「Shared Nothing」といっても、IoTシステムで利用するデータは共有し、サーバに蓄積する必要があります。Cosmos DBはFunctionsとネイティブ結合し、データーベースのトリガーやバインディング機能をFunctionから直接利用できます。また、Cosmos DBは分散型で最適化されているため、サーバの所在やスループットを気にする必要がありません。

さらに、2018年1月にGAになったEvent Gridはサーバーレス化を加速します。Event Gridは、IoT HubやEvent HubなどのAzureサービスで発生したイベントを、アプリケーションに応じてFunctions、Logic Apps、WebHooksなどのハンドラに中継します。バックエンドの自動化やアプリケーション統合に有用です。

Cognitive Services

Cognitiveとは「認知」や「認識」という意味の英単語ですが、AI分野では主に、画像、映像、会話、文章、知識、検索といった、人間の一般行動に関連する事象を指します。Cognitive Servicesは、Azure上で提供されるhttps REST APIでのSaaSサービス群として扱われます。

表1にCognitive Servicesのサービス一覧を示します。いずれもREST APIでの問い合わせとレスポンスという形態で利用するため、OSや言語環境を選びません。AzureのPaaSで利用する場合もRESTのhttpを発行して使う必要があります。

プログラミング不要で手軽にAI機能を利用できるため、多数のIoTシステムでの応用事例があります。次のCognitive Servicesのページにアクセスすると、全サービスのサポートページにリンクしています。是非、参考にしてみてください。

Cognitive Servicesと似た名前のサービスに、Cognitive Toolkit（CNTK）があります。CNTKについては今回触れませんが、オープンソースのディープラーニング（深層学習）開発用のライブラリとツールキットですので注意してください。

- Cognitive Services | Microsoft Azure
  URL https://azure.microsoft.com/ja-jp/services/cognitive-services/

■表1 Cognitive Servicesのサービス一覧

カテゴリ	名称	機能
視覚	Computer Vision API	画像から意思決定に役立つ情報を抽出
	Face API	写真に含まれる顔の検出、識別、分析、グループ化、タグ付け
	Content Moderator	画像、テキスト、ビデオを自動モデレート
	Emotion API (Preview)	感情認識を使用してユーザーエクスペリエンスをパーソナライズ
	Custom Vision Service (Preview)	Computer Vision APIのカスタマイズ
	Video Indexer (Preview)	動画の自動解析
音声	Translator Speech API	リアルタイム音声翻訳
	Speaker Recognition API (Preview)	音声から個々の話者の識別と認証
	Bing Speech API	音声からテキスト変換とテキストから音声変換
	Custom Speech Service (Preview)	音声からテキスト変換のカスタマイズ（話し方、背景ノイズ、語彙補正）
言語	Language Understanding (LUIS)	カスタマイズ、学習可能な入力テキストの意味理解
	Text Analytics API	テキストの感情（肯定・否定）分析、キーフレーズ抽出、言語抽出
	Bing Spell Check API	Bing利用のスペルチェック
	Translator Text API	テキストベースの機械翻訳
	Web Language Model API (Preview)	Bing利用の統計学的テキスト解析
	Linguistic Analysis API (Preview)	言語学的テキスト解析
知識	Recommendations API (Preview)	商品リストとクリック履歴、購入履歴からおすすめを抽出
	Academic Knowledge API (Preview)	Microsoft Academic Graph（引用文献データベース）活用API
	Knowledge Exploration Service (Preview)	自然言語入力の構造理解、クエリ自動補完の提供、対話型検索処理
	QnA Maker API (Preview)	指定情報を自動解釈してQ&A作成
	Entity Linking Intelligence Service API (Preview)	コンテクストベースのテキスト解析による多義語の語彙判別
	Custom Decision Service (Preview)	クラウドベースの文脈に応じた意思決定。学習可能
検索	Bing Autosuggest API	部分検索語を指定で他ユーザーの保管検索候補を入手
	Bing Image Search API	条件指定の画像検索
	Bing News Search API	条件指定のニュース検索
	Bing Video Search API	条件指定のビデオ検索
	Bing Web Search API	Web検索
	Bing Custom Search API	Web検索のカスタマイズ
	Bing Entity Search API (Preview)	Web情報からEntity（施設、建物、団体、企業など）を場所情報とともに検索

まとめ

現在、IoTシステム構築にAzureを利用する場合は、PaaS構成が基本です。さまざまなサービスを選択し、組み合わせることができ、多数のサンプルやチュートリアルがあります。

最初は「Azure IoT Suite」や「Azure IoT Central」を採用して、使用しながらカスタマイズおよび最適化していく使い方と、最初からPaaSの各サービスを組み上げてゆく方法があります。

しかし技術とシステムはすぐに進化していきますので、今後は、後述のFaaSやエッジコンピューティングの採用も検討視野に入れるべきです。

Azure PaaSを使う利点は、オープンソース化が進んだとはいえ、WindowsやOfficeを始めとするMicrosoft製品との相性のよさは特筆すべきものがあります。Microsoft独自IoT技術の「IoT Hub」「Stream Analytics」「Power BI」「Time Series Insights」も使うのも容易です。

一独自サービス型の「Functions」「Cosmos DB」

「Cognitive Toolkit」「Cognitive Service」などは、Azureが得意とするPaaSを使用しなくても、他のクラウドサービスやオンプレミスと組み合わせて利用することができます。このような柔軟な使い方ができるのもAzureの特長です。

今後の進化

クラウドコンピューティングの技術進化は速く、すでにPaaSやSaaS中心の世界から、FaaS（Function as a Service）やサーバレス技術の導入に移り始めています。IoTシステムに関しては今後、間違いなくエッジコンピューティングの時代が到来します。AzureではエッジプラットフォームとしてIoT Edge SDK（V2）を用意していますが、エッジコンピューティングが広まると、クラウドサービスの選択とは別に、エッジプラットフォームの選択や構築がより重要な要素になります。FaaSにも言えることですが、特定のクラウドサービスに依存しないデータ処理の手段も具体的に見えてきました。

IoTシステムは今後、単一クラウドベンダーのサービスだけではなく、利用者やクライアントシステムを中心にして、最適なマイクロサービスやエッジプラットフォームを自由に組み合わせて利用するようになるでしょう。今後はAzureもそのような変化にも対応していくはずです。これまでの動きから推測すると、Azureの向かっている方向性は次のようなものと考えられます。

- 先進的な新サービスやSDK、プラットフォームと豊富なサンプルを提供し続けることで品揃えをさらに拡充していく
- オープンソース、オープンアーキテクチャを積極的に取り入れて、Microsoft製品に由来しない製品やサービスとの親和性を向上させる。IoT Device SDKとIoT Edge SDK（V2）の拡充によるデバイスやエッジコンピュータ環境の進化と、さらにはプラットフォームに依存しないライトウェイトなIoT共用クライアント環境の提供
- クラウド用OSである「Azure Stack」を発展またはスケールダウンし、エッジコンピューティングやハイブリッドアプリケーション構築に欠かせない専用OSとして品揃えしていく
- 顧客に対するマーケティングは、すべてを自社製品で統一して導入してもらうのではなく、Cognitive Serviceのような特徴的な製品を用意することで、幅広い顧客層に一部でもよいからサービス利用をうながす方向に向かう

これはAzureに限らずMicrosoft製品全般に言えることですが、Microsoftでは新技術に対して「完成する前に公開して様子を見る」というアプローチがしばしばあります。製品開発部門とは別組織で、研究所を持っていることがその理由の1つですが、研究所の成果を市場に公開する機会が他の企業と比べて、各段に多い気がしています。

たとえばFPGA（Field Programmable Gate Array）ベースの「Brainwave」、量子コンピュータの活用に特化した「Quantum Development Kit」や開発用Q#言語など、すでにプレビュー版がリリースされています。今のところこれらは、すでに実用化されている技術の再設計とクラウドへの対応という位置づけですが、今後はさらに世の中を驚かすようなクラウド新技術を発表していくのではないかと期待しています。

3.4 Google Cloud IoT

本節ではGoogle Cloud Platformを用いたIoTシステム構築について解説します。

八木橋 徹平　YAGIHASHI Teppei

はじめに

Googleが提供するクラウドサービスGoogle Cloud Platform（以下、GCP）では、コンピューティング、データストア、機械学習などに関連するさまざまなプロダクトを従量課金ベースで提供しています。ユーザーは大幅な初期投資を強いられることなく、必要なプロダクトを自由に組み合わせてシステムを構築できます。

サンプルアーキテクチャ

本節では、GCP上でIoTバックエンドを実装する手順を説明します。サンプルアーキテクチャは**図1**のようになります。次項以降では、関連するプロダクトをシナリオに沿って紹介していきます。

IoTデバイスから送信されてきたデータを処理するために、主に以下の観点で該当プロダクトを分類・解説します。

1. データの収集
2. データのプロセス
3. データの格納
4. データの活用

もうお気づきの方もいるかもしれません。IoTのバックエンドに必要な要素は、いわゆるビッグデータを支えるプラットフォームに求められる基盤と似通っており、GCPが得意とする分野でもあります。紹介するすべての製品が、ユーザーによる運用管理やセキュリティ対策が不要なフルマネージドサービスであるため、開発者はアプリケーションの実装に注力することができます。

■図1　サンプルアーキテクチャ

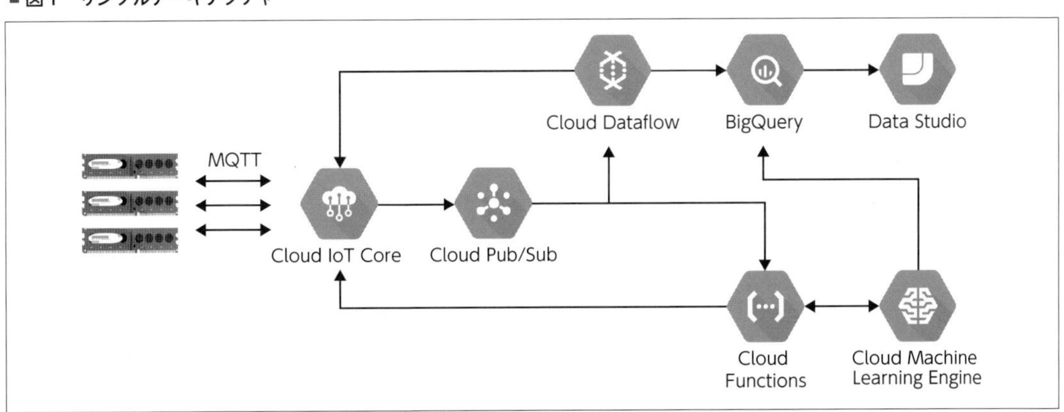

データの収集

まず、IoTデバイスから送られてきたデータをどのようにしてGCP側で受け取るかを説明します（**図2**）。将来的にデータを送信するIoTデバイス数がどのように増減するか見通しが立てづらく、サービスのスケーラビリティの確保で頭を悩ます方は多いと思います。GCPのプロダクトは基本的にフルマネージドかつスケーラブルであるため、そのような悩みから解消されます。

Google Cloud IoT Core

Cloud IoT Coreの主な役割として、IoTデバイスとGCP間のプロトコルブリッジおよびデバイス管理があります。

MQTTおよびHTTPをブリッジすることが可能で（2018年2月現在）、デバイスからアクセス先のエンドポイントは負荷に応じて自動的にスケールするため、開発者がエンドポイントの負荷分散を意識する必要はありません。

個々のデバイスは、Cloud IoT Coreのデバイスレジストリにあらかじめ登録しておきます（**図3**）。デバイス認証には、オープンなJSON Web Tokens（JWT）を採用しているため、さまざまなデバイスからの接続を容易に実現できます。

デバイスから受け取ったデータは、次に紹介するCloud Pub/Subへ自動的に引き渡されます。また、MQTTを用いた場合は、Cloud IoT Core側からIoTデバイスに対して、構成情報などのデータをプッシュできます。

Google Cloud Pub/Sub

Cloud Pub/Subは、いわゆるパブリッシュ・サブスクライブ型のメッセージングサービスです。Cloud IoT Core同様にCloud Pub/Subもフルマネージドで、負荷に応じてオートスケールします。さらに、グローバルで単一のエンドポイントで管理できるため、リージョンごとの煩雑な設定も不要です。そのためアプリケーションもリージョンを意識した設計にする必要はありません。

Cloud Pub/Subの設定は非常にシンプルで、コンソールからトピックを作成するだけで、アプリケーションはそのトピックを介したメッセージの送受信をグローバル規模で行えるようになります（**図4**）。

クライアントアプリケーションは、あらかじめ特定のトピックにサブスクライブし、別クライアントが生成するメッセージをプル（pull）またはプッシュ（push）で受け取ります。システム間の連携で用いた場合、いったんCloud Pub/Subをハブとして非同期でメッセージの送受信を行えるため、疎結合なシステムを構築することが可能です。

Cloud IoT Coreを構成する際は、事前にCloud Pub/Subでトピックを作成し、デバイスレジストリの作成時にそのトピックを指定します。これによりCloud IoT Coreのデバイスレジストリとデバイスからのデータの引き渡し先となるCloud Pub/Subのトピックとのマッピングが行われます。

■図2　データの収集

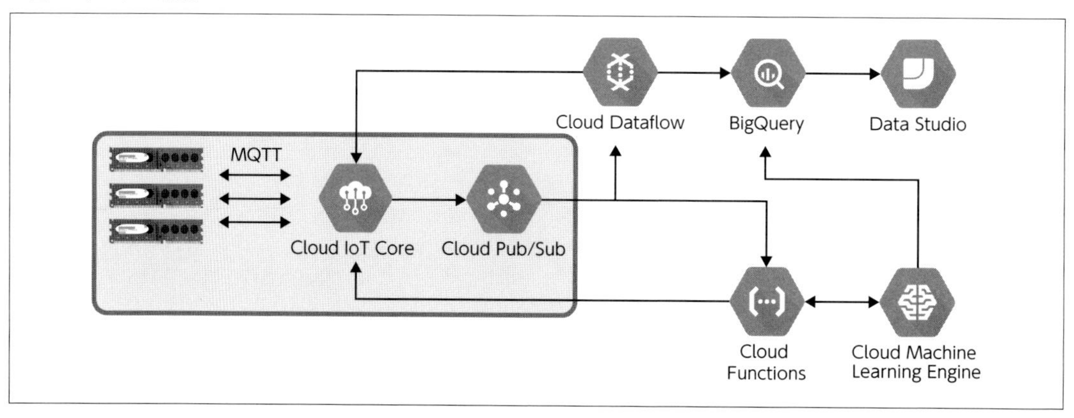

■図3　デバイス一覧

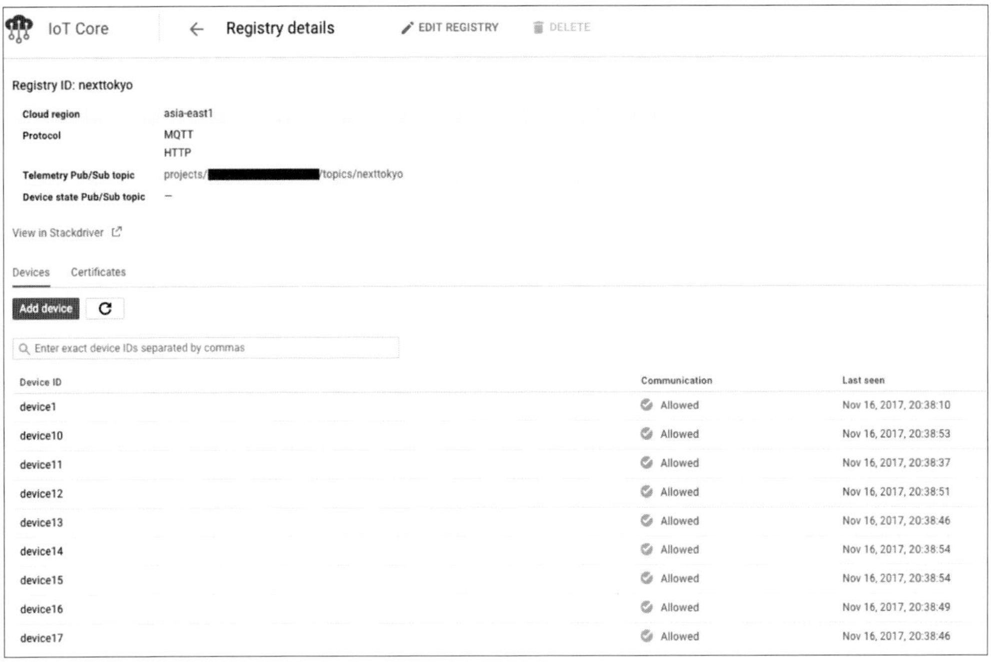

IoT Core　← Registry details　EDIT REGISTRY　DELETE

Registry ID: nexttokyo

Cloud region	asia-east1
Protocol	MQTT HTTP
Telemetry Pub/Sub topic	projects/[illegible]/topics/nexttokyo
Device state Pub/Sub topic	—

View in Stackdriver

Devices　Certificates

Add device

Enter exact device IDs separated by commas

Device ID	Communication	Last seen
device1	Allowed	Nov 16, 2017, 20:38:10
device10	Allowed	Nov 16, 2017, 20:38:53
device11	Allowed	Nov 16, 2017, 20:38:37
device12	Allowed	Nov 16, 2017, 20:38:51
device13	Allowed	Nov 16, 2017, 20:38:46
device14	Allowed	Nov 16, 2017, 20:38:54
device15	Allowed	Nov 16, 2017, 20:38:54
device16	Allowed	Nov 16, 2017, 20:38:49
device17	Allowed	Nov 16, 2017, 20:38:46

■図4　トピックの作成

Create a topic

A topic forwards messages from publishers to subscribers.

Name

projects/[illegible]/ iot-bridge-topic

CANCEL　CREATE

SORACOM製品とのインテグレーション

Google Cloud IoT CoreとGoogle Cloud Pub/Subは、すでにSORACOM製品とインテグレーションされています。Cloud IoT CoreはMQTTに対応しているため、SORACOM Beamを介した双方向のデータ送受信が可能です。また、SORACOM FunnelはCloud Pub/Subとの連携をサポートしており、デバイスとFunnel間でプロトコル変換を行い、Cloud Pub/Subに直接データをやり取りできます。

データのプロセス

次に、IoTデバイスから受け取ったデータをどのように処理するかを説明します（**図5**）。

多くの場合、データのプロセスでは、データの変換・集計・クレンジングなどのデータの加工処理や、アプリケーションロジックを実行します。このプロセスでは、デバイス数やデバイスからのデータの更新頻度や処理量が増加した場合でも、並列度を上げて対応できるようなサービスが求められます。

■図5　データのプロセス

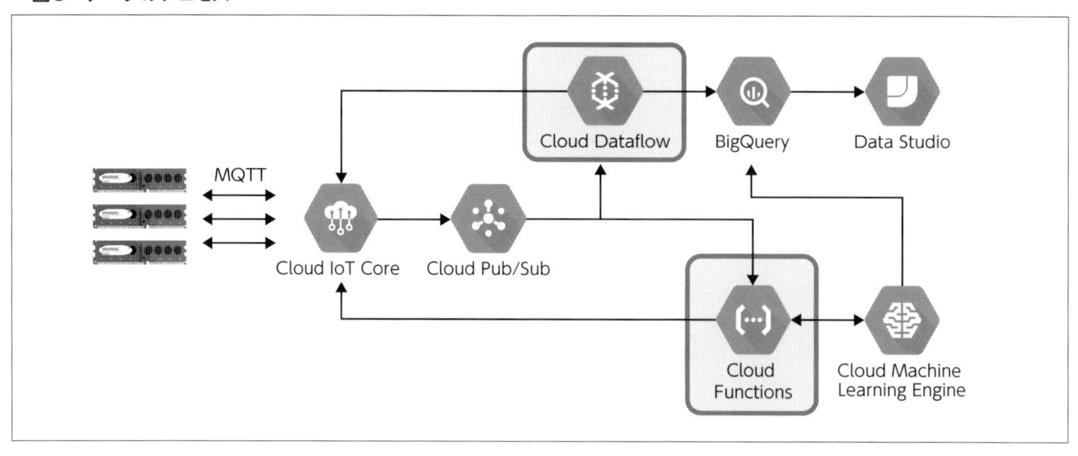

Google Cloud Functions

GCPでは、サーバレスなコンピューティング環境で、GCPの別サービスや外部からのリクエストに応じて、イベント駆動型で処理を行えます。たとえば、ファンクションをCloud Pub/Subのトピックにサブスクライブして、デバイスからメッセージが送られてくるたびに、ファンクションを実行するといったようなことができます。

リスト1のファンクションの例では、カンマで区切られた文字列をパースした後、アプリケーションのロジックを実装することを想定しています。たとえば、デバイスが上げてくる温度のデータをもとに、Cloud Machine Learning Engineにデプロイ済みのオンライン予測を呼び出し、その結果を使って実際の空調設備を制御するといったシナリオが考えられます。

Cloud Functionsはステートレスなサービスであるため、特定のデバイスから投入されるメッセージを連続的に処理するのではなく、個別のメッセージが並列で処理されることが前提となります。

Google Cloud Dataflow

Cloud Dataflowは、Apache Beam SDKで開発されたストリームおよびバッチ処理のアプリケーション実行環境です。Apache Beamを使えば、データのストリームとバッチ処理の両方が統合されたプログラミングモデルによる実装が可能になります。さらに、作成したアプリケーションは実行環境から切り離せるため、Cloud Dataflow以外の幅広いプラットフォームで運用できます。

リスト2は、Cloud Pub/Subからのメッセージを受信し、データを変換後、BigQueryにデータをロードするストリーム処理のパイプラインをJava言語で実装したサンプルです。Apache Beamのプログラミングモデルは、ウィンドウ関数などストリーム処理に役立つさまざまな機能を提供しています。

■リスト1　ファンクションの例

```
exports.iot = function (event, callback) {
  const pubsubMessage = event.data;
  // メッセージのパース
  var attrs = Buffer.from(pubsubMessage.data, "base64").toString().split(",");
  console.log(attrs[0] + ", " + attrs[1] + ", " + attrs[2] + ", " + attrs[3]
  + ", " + attrs[4] + ", " + attrs[5]);
  // アプリ・ロジックの実装
  …
  callback();
};
```

リスト3は、先ほどのファンクションのときと同様にカンマ区切りの文字列をパースし、BigQueryにロード可能なTableRowオブジェクトに変換しています。

興味深い点としては、今回の例はストリーム処理を実装していますが、RowGenerator自体はバッチ処理のパイプラインにも再利用できる点です。これはApache Beamが提供する高い抽象度を持つ統合プログラミングモデルにより実現されています。

データの格納

GCPを使ってデバイスからの生データや加工・集計済みデータを格納することができます。データの格納では、将来的に蓄積されるデータの総容量を見通すのが困難であるため、データの収集と同様にスケーラブルなデータストアが必要となります(図6)。

Google BigQuery

BigQueryは、一般的にフルマネージドな大規模

■リスト2　ストリーム処置のパイプライン

```
Pipeline p = Pipeline.create(options);
    p.apply(
        // Pub/Subの特定トピックからのメッセージの読込み
        PubsubIO.readStrings()
            .fromTopic("projects/" + project+ "/topics/iot-bridge-topic"))
        // データを 10秒間隔の Window に区切る
        .apply(Window.<String>into(FixedWindows.of(Duration.standardSeconds(10))))
        // RowGenerator を並列に実行し、データを変換
        .apply(ParDo.of(new RowGenerator()))
        .apply(
            // BigQuery に行として出力
            BigQueryIO.writeTableRows()
                .to(ref)
                .withSchema(schema)
                .withFailedInsertRetryPolicy(InsertRetryPolicy.alwaysRetry())
                .withCreateDisposition(
                    BigQueryIO.Write.CreateDisposition.CREATE_IF_NEEDED)
                .withWriteDisposition(BigQueryIO.Write.WriteDisposition.WRITE_APPEND));
p.run();
```

■リスト3　データ変換処理

```
public static class RowGenerator extends DoFn<String, TableRow>
    implements Serializable {
    private SimpleDateFormat sdf = new SimpleDateFormat("yyyy-MM-dd HH:mm:ss");

    @ProcessElement
    public void processElement(ProcessContext c) throws Exception {
        // カンマ区切りのデータをパース
        String[] attrs = c.element().split(",");
        LOG.debug(attrs[0]);
        // BigQuery に格納可能な TableRow オブジェクトに変換
        TableRow row = new TableRow()
            .set("deviceid", attrs[0])
            .set("dt", sdf.format(new Date(Long.parseLong(attrs[1]))))
            .set("temp", new Double(attrs[2]))
            .set("lat", attrs[3])
            .set("lng", attrs[4]);
        // アウトプットとして出力
        c.output(row);
    }
}
```

■図6　データの格納

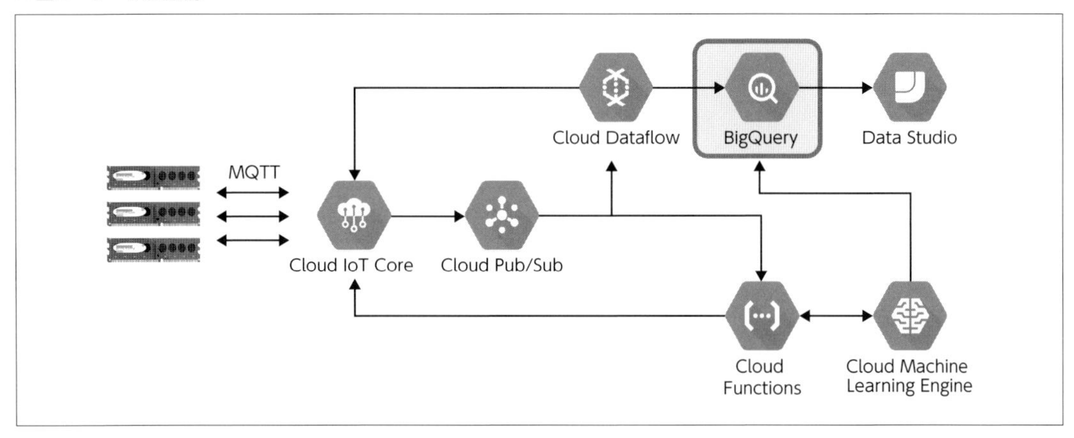

データウェアハウスですが、実際には、ギガバイトからペタバイト級までスケールが可能で、リアルタイムなデータのロードにも対応しています。通常、データウェアハウスにデータをロードする場合、日次バッチなどで定期的にデータをロードしますが、それに対してBigQueryではストリーミングインサート機能により、データをリアルタイムにロードできます。

たとえば、デバイスからの生データを収集して処理を施した後、いったんストレージなどに保存するのではなく、リアルタイムにBigQuery内のテーブルに直接ロードします。これで常時最新のデータを把握することが可能になります。図7は、BigQueryのコンソールから直接クエリーを実行した例です。

BigQueryでは、文字列、数値、日付、配列などのさまざまなデータ型でテーブルを定義できます。CSV、JSON、Avro形式といった各種形式のデータをレコードとして取り込めます。また、RDBMSとは異なり、BigQueryにはパフォーマンス向上のためのインデックスという概念は存在しません。データ量が増加した場合、BigQueryではワーカーノードを増やして並列に処理して性能の向上をはかります。

BigQueryの料金体系はクエリーベースの従量課金であるため、利用料金が見積もりにくいときがあります。そのような場合でも、カスタム割当によるクエ

■図7　BigQueryコンソールからクエリーの実行

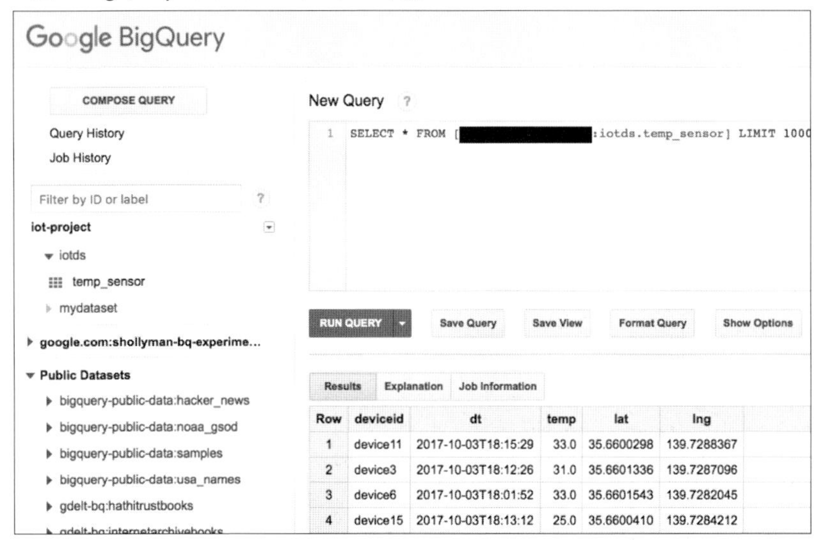

■図8 バイナリーデータ(画像ファイル)の処理

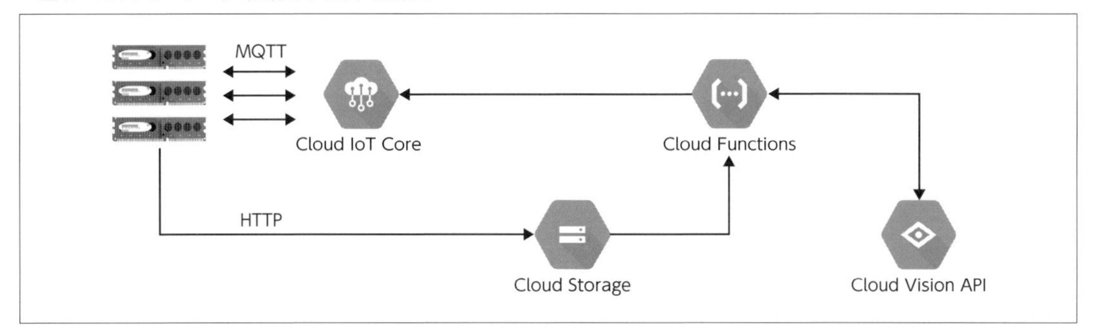

リー費用の管理、プロジェクトの予算とアラートの設定などにより、想定外の追加費用を減らせます。また、従量制だけでなく、費用が予測しやすい月額の定額料金も提供しています。

Google Cloud Storage

Cloud Storageは、世界中のどこからでもデータの保存・取得が可能なオブジェクトストレージです。Cloud Storageに保存されたデータは、リージョン内で冗長化されており、複数リージョンに保存するオプションも提供されています。オブジェクトのバージョニング、暗号化、オブジェクト変更通知、アクセス制御などの高度な機能も提供されています。

ここでは、バイナリーデータ(画像ファイル)を用いたシナリオをもとに説明します(**図8**)。なお、デバイス側からCloud Storageに直接アクセスする場合は、アプリケーションでCloud Storage APIを実装する必要があります。

デバイスで取得した画像などのバイナリーデータは次のように処理します。まず、Cloud Storageに直接アップロードし、Cloud Functionsを用いてイベント駆動で処理します。そして、そのデータが画像であればCloud Vision APIを呼び出して、画像の解析処理を実行します。

図9は、Cloud Vision APIに人の顔を検知させた実行結果例です。画像内の顔や目の位置の認識、感情分析をJSON形式のデータとして表しています。たとえば、左目(LEFT_EYE)の写真内での位置や喜びの感情(joyLikelihood)が高い可能性(VERY_LIKELY)で現れていることを意味しています。

これらの解析結果をもとに、何かデバイス側の挙

■図9 Cloud Vision APIによる顔の検出

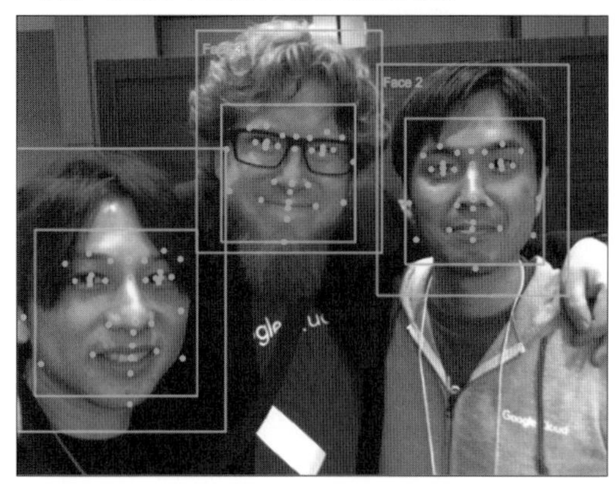

■リスト4 Cloud Vision APIの実行結果(一部)

```
...
"landmarks": [
        {
          "type": "LEFT_EYE",
          "position": {
            "x": 117.716324,
            "y": 412.4738,
            "z": -0.0016028644
          }
        },
      ...
      "rollAngle": -1.8698909,
       "panAngle": 15.412664,
       "tiltAngle": -1.3270344,
       "detectionConfidence": 0.9999993,
       "landmarkingConfidence": 0.7852101,
       "joyLikelihood": "VERY_LIKELY",
       "sorrowLikelihood": "VERY_UNLIKELY",
       "angerLikelihood": "VERY_UNLIKELY",
       "surpriseLikelihood": "VERY_UNLIKELY",
       "underExposedLikelihood": "VERY_UNLIKELY",
       "blurredLikelihood": "VERY_UNLIKELY",
       "headwearLikelihood": "VERY_UNLIKELY"
     },
...
```

動を変えたい場合は、Cloud IoT Core経由でデバイスにメッセージを通知するだけで済みます。

データの活用

デバイスからのデータを収集・処理・格納するステップを経て、最終的にデータを活用する方法を説明します（図10）。集計・格納済みのデータをレポーティングツールで表示したり、機械学習のモデルのトレーニングや予測に活用できます。

Google Data Studio

Data Studioから直接BigQueryに接続し、さまざまなインサイトを含むレポートを作成することができます。図11は、BigQueryのテーブルに蓄積されたデータを集計したサンプルレポートです。データはBigQuery内にリアルタイムに蓄積されるため、レポート内のグラフにも即座に反映されます。

また、Data Studioで作成したレポートは、適切な権限設定をすることにより、特定のユーザーやグループとオンラインで共有できます。

Cloud Machine Learning Engine

Cloud Machine Learning Engineは、TensorFlowフレームワークを用いて、あらゆるデータの機械学習モデルを簡単に構築するサービスです。トレーニング済みのモデルをホストして、新しいデータに対してオンライン予測を実行することもできます。

BigQuery内に蓄積されたデータから、TensorFlowでトレーニングおよびオンライン予測を行うモデルを作成し、Cloud Machine Learning Engineにデプロイします。そして、リアルタイムに送られてくるデバイスからのデータをトリガーにして、Cloud Functions経由でオンライン予測を行います。そして、予測結果に応じてCloud IoT Coreを通じて、デバイスの挙動を変更します。

設計時のポイント

最後に、IoTのバックエンドして、GCPでシステムを構築する際の設計ポイントをまとめておきます。

フルマネージド

GCPのプロダクトは、フルマネージドなサービスが多く、管理者の手間暇を最小限に抑えられます。そして、インフラとしてコンピューティングおよびストレージを自動的にスケールアウトできます。これらの理由により、開発者はアプリケーションそのものの設計・開発に注力することができます。

デバイスの認証

デバイスからMQTTでCloud IoT Coreにアクセスする場合、JSON Web Tokens（JWT）による認証が必要となります。あらかじめキーペアを作成し、デバイス側に秘密鍵を配置し、Cloud IoT Coreには公開鍵を登録することにより、デバイスはアクセスが可能

■図10　データの活用

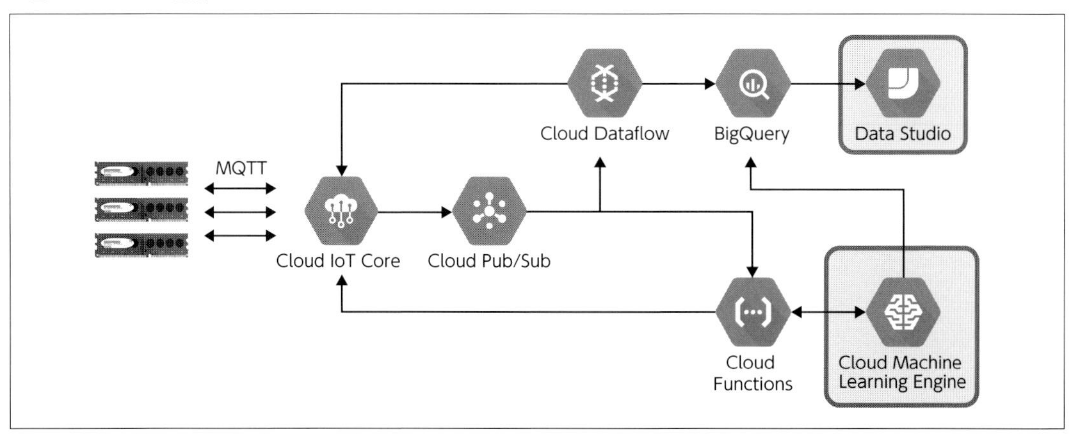

■図11　Data Studioレポートの例

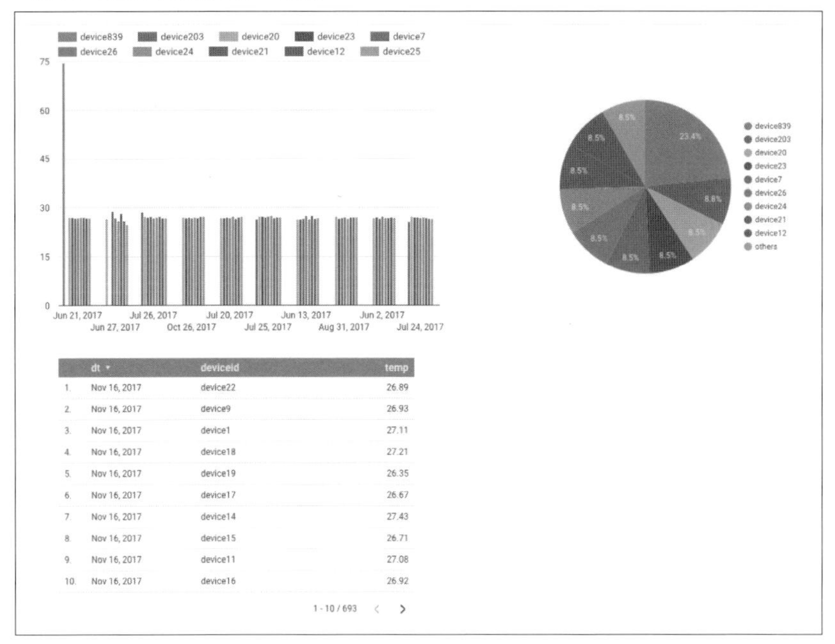

	dt ▼	deviceid	temp
1.	Nov 16, 2017	device22	26.89
2.	Nov 16, 2017	device9	26.93
3.	Nov 16, 2017	device1	27.11
4.	Nov 16, 2017	device18	27.21
5.	Nov 16, 2017	device19	26.35
6.	Nov 16, 2017	device17	26.67
7.	Nov 16, 2017	device14	27.43
8.	Nov 16, 2017	device15	26.71
9.	Nov 16, 2017	device11	27.08
10.	Nov 16, 2017	device16	26.92

となります。

Cloud Pub/SubやCloud Storageに直接アクセスする場合、デバイス側にGCPのコンソールで作成するクレデンシャルを持たせる必要があります。また、Identify & Access Management（IAM）機能により、細かな権限設定が可能で、限定的なGCPリソースのみにだけアクセスを許可することもできます。

オンライントランザクション

BigQueryはあくまでデータ解析に最適なデータストアとして位置づけられているため、大量に並列トランザクションが発生するオンライン用途には不向きです。IoTのバックエンドとして、同期的にデータアクセスが必要となる場合、Cloud SpannerやCloud BigTableなど別のデータストアの利用を推奨します。

運用監視・ロギング

本節では運用監視やロギングについては触れていませんが、GCPではStackdriver Monitoring、Stackdriver Loggingを提供しており、運用やシステムの負荷に関連するさまざまなメトリックを収集したり、アプリケーションが出力するログなどを解析したりすることができます。

まとめ

データの収集、プロセス、格納、活用の各フェーズでシステムに必要なGCPプロダクトだけを組み合わせて、容易にスケーラブルなバックエンドサービスを構築できます。また、SORACOM社との製品ともシームレスに連携します。

今回紹介したプロダクトは、GCPのほんの一部です。これ以外にもIoTのバックエンドとして役に立つさまざまなプロダクトを提供しています。無料トライアルも利用できますので、ぜひこの機会にお試しください。

第4章

設計ガイドラインと認証設計例
セキュリティ

セキュリティ設計にガイドラインを効果的に使うにはどうしたらよいか、IoTシステムで特に問題となるID／認証の設計の進め方など、セキュリティに関わる問題を解説します。

片山 暁雄　KATAYAMA Akio

IoTデバイスの多様化・拡大に合わせたセキュリティ確保

4.1 IoTシステムのセキュリティ

IoTシステムやデバイスは急速に普及しつつありますが、後手に回りがちなのがセキュリティです。その現状について解説します。

はじめに

これまでの章で、デバイス・通信・クラウドといったIoTの主要要素の設計について解説しました。この章では、システム全体にわたって検討しなければならない課題、セキュリティに焦点を当てて解説します。

教訓とすべき「Mirai」事件

近年、デバイスや通信機器の高性能化や低価格化を背景に、ネットワークに接続できる通信機能を搭載したデバイスは増加し続けています。それに伴ってIoTデバイスの脆弱性が発見され、その脆弱性を突いた攻撃も増加しています。

2016年に発生した、不正プログラム「Mirai」による大規模なDDoS攻撃（Distributed Denial of Service attack：分散型サービス拒否攻撃）は典型的な例です。

このプログラムは、自身がつながるネットワーク上のランダムなIPアドレスに向けてTelnetポートへのスキャンを行い、ベンダーのデフォルトパスワードや自身で持つ辞書を使ってログインを試みます。

ログインに成功すると、ボットプログラム[注1]をデバイスにダウンロードして、外部の指示があると特定のホストに一斉にDDoS攻撃を仕掛ける仕組みになっています。

Miraiの特徴として以下のようなものがあります。

- PCやスマートフォンではなくIoTのデバイスが攻撃対象
- Telnet接続とベンダーのデフォルトパスワード利用という、初歩的な方法で攻撃が成功している
- 感染対象のデバイスからデータを盗んだり停止させることが目的ではなく、攻撃のためのクライアントデバイスとしてIoTデバイスを使う

PCやスマートフォンなどは処理能力も高く、マルウェアやウィルスソフトなどへの対策も施しているケースが多いと思います。

最近のシステムでは、外部からのログインが可能なポートがデフォルトで利用できないようにしていたり、パスワードも複雑なものを要求することが多くなっているため、通常ならば今回のような攻撃はほとんど成功しないと思われます。そこで攻撃者は、より容易に攻撃が成功する対象として、セキュリティ対策が万全とは言えないIoTデバイスを選択したのではないかと想像されます。

実際、この攻撃により10万台を超えるIoTデバイスが感染したと言われています。これらの感染したデバイスを利用して、DNSサービスに対してDDoS攻撃が行われました。

多くのITサービスが社会インフラのように使われている昨今では、セキュリティに対する攻撃は時に深刻な問題を日常に引き起こします。たとえばDDoS攻撃によって銀行のインターネットバンキングが利

注1　一般にボットプログラムは、自動でデータ収集などの特定の目的のために動作するプログラムのことです。ここでは、コンピュータに感染して、そのコンピュータを乗っ取って外部から操作できるようにするプログラムを指しています。

用できなくなったり、プラントのモニタリングシステムへの名前解決ができなくなり、稼働確認がとれなくなるという事態を引き起こしかねません。

IoTシステムを構築する場合は、たとえそのシステム自身の重要度が高くない場合でも、他への攻撃の踏み台にされないようにしなければなりません。攻撃者はネットワークに接続されている脆弱なデバイスを攻撃してきます。通常のシステム構築と同様に、IoTシステムのセキュリティを検討する際も、抜け穴（セキュリティホール）がないようにネットワークを設計します。

そうしないと、IoTシステムが乗っ取られてシステム全体を機能停止させられたりする脅威を防止できなくなります。

たとえば「BrickerBot」というマルウェアは、SSHでIoTデバイスに接続し、勝手にファイル削除などを行い、その機器を利用できなくします。重要度が高いIoTシステム、たとえば電気やガス、自動車などがこのようなマルウェアに乗っ取られると、人や環境、社会に対して物理的に損傷が及ぶ可能性があります。

このため、システムの機密性や完全性、可用性と言った従来のITセキュリティで求められる要件の他にも、安全性やフェイルセーフを考慮した、ソフトウェア／ハードウェア両面からのセキュリティ設計が求められます。

サイバー攻撃仮想ストーリー集

一般社団法人である日本クラウドセキュリティアライアンス（CSAジャパン）のIoTワーキンググループは、「IoTへのサイバー攻撃仮想ストーリー集」という資料を公開しています[注2]。この資料には、次のようなIoTでシステムについては、発生しうるインシデント内容と原因、対策についてまとめています。

- 家電製品の乗っ取りによる DDoS 攻撃
- 病院システムへのマルウェア感染
- 監視カメラシステムの画像流出
- ビル・エネルギーマネジメントシステム（BEMS）への攻撃
- 介護支援用ロボット端末の悪用
- 農業工場の生産妨害
- 自動車システムからの情報混乱
- デジタルサイネージ乗っ取り
- 自動販売機へのMan in The Middle（MiTM）攻撃ツール拡散
- 遠隔医療機器へのマルウェア攻撃と脅迫

このように、多岐にわたるIoTシステムへの脅威は想定できるものの、IoTの適用範囲や技術が発展途上の現在において、IoTセキュリティについてはまだ整備が進んでいないというのが現状です。

たとえば調査機関であるガートナーも、2016年3月に発表した「IoTテクノロジ・トレンド[注3]」の中で、「IoTセキュリティ」を挙げており、今後さらに重要度を増すトレンドであることを示しています。

今後の課題は複数あります。まず、IoTデバイスの性能によって取れる対策に大きな幅があります。たとえば暗号化した接続を情報漏洩（ろうえい）の対策としたい場合でも、デバイスの性能やライブラリの有無によって対策が取れないといった事態も考えられます。

さらに、IoTや通信、クラウドなどのテクノロジーの進化が早いため、IoTシステム全体を包括的に管理するセキュリティソリューションも提供しづらくなっています。

今後、IoTセキュリティを担保するためには、自身のシステム要件に合致したソリューションや対策をいくつか組み合わせる必要があると言えます。

注2 URL https://cloudsecurityalliance.jp/WG_PUB/IoT_WG/scenario.pdf

注3 URL https://www.gartner.co.jp/press/html/pr20160311-01.html

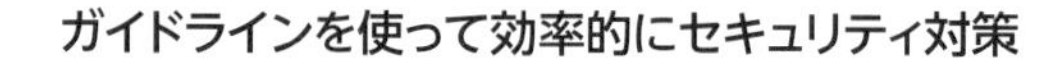

ガイドラインを使って効率的にセキュリティ対策

4.2 IoTセキュリティに関するガイドライン

IoTセキュリティを強化するには、さまざまな方策を取る必要があります。その指針となるのが、IoT推進コンソーシアムと政府によって作られた「IoTセキュリティガイドライン」です。ここではその内容について紹介します。

IoTセキュリティに関しては多くの機関・団体が関心を寄せており、IoTセキュリティ設計の指針となるようなガイドラインもいくつか公開されています。これらのガイドラインは、IoTセキュリティ設計を行う際、特に検討段階で有効に利用できるものになっています。

IoTセキュリティガイドライン

経済産業省と総務省が主導して組織している委員会グループ「IoT推進コンソーシアム　IoTセキュリティワーキンググループ」によって「IoTセキュリティガイドライン」が策定されています[注1]。

IoTセキュリティガイドラインではIoTセキュリティ対策について5つの指針が示されており、システム検討前段階から運用・保守までの各フェーズにおける検討ポイントや留意点について網羅的にまとめられています。

- **【方針】指針1**
  IoTの性質を考慮した基本方針を定める
  - 経営者がIoTセキュリティにコミットする
  - 内部不正やミスに備える
- **【分析】指針2**
  IoTのリスクを認識する
  - 守るべきものを特定する
  - つながることによるリスクを想定する
  - つながりで波及するリスクを想定する
  - 過去の事例に学ぶ
- **【設計】指針3**
  守るべきものを守る設計を考える
  - 個々でも全体でも守れる設計をする
  - つながる相手に迷惑をかけない設計をする
  - 安全安心を実現する設計の整合性をとる
  - 不特定の相手とつなげられても安全安心を確保できる設計をする
  - 安全安心を実現する設計の検証・評価を行う
- **【構築・接続】指針4**
  ネットワーク上での対策を考える
  - 機器等がどのような状態かを把握し、記録する機能を設ける
  - 機能及び用途に応じて適切にネットワーク接続する
  - 初期設定に留意する
  - 認証機能を導入する
- **【運用・保守】指針5**
  安全安心な状態を維持し、情報発信・共有を行う
  - 出荷・リリース後も安全安心な状態を維持する
  - 出荷・リリース後もIoTリスクを把握し、関係者に守ってもらいたいことを伝える
  - つながることによるリスクを一般利用者に知ってもらう
  - IoTシステム・サービスにおける関係者の役割を認識する
  - 脆弱な機器を把握し、適切に注意喚起を行う

注1　URL http://www.meti.go.jp/press/2016/07/20160705002/20160705002-1.pdf

デバイスや通信、クラウドなどの個別の技術要素へのマッピングは示されていませんが、IoTシステムを実際に設計・構築する前のチェックリストとして利用できます。

PoC（Proof of Concept：概念実証）を行う段階においても、このガイドラインを参考にして、特に技術的に実現・実装が可能かどうかを検証しておくべき内容を洗い出すのに利用できます。

つながる世界の利用時の品質

IPA（独立行政法人 情報処理推進機構）は、主にコンシューマー向けのIoT製品やサービスの開発についてのポイントを説明した資料を公開しています。

- つながる世界の利用時の品質　～IoT時代の安全と使いやすさを実現する設計～
  URL https://www.ipa.go.jp/files/000058465.pdf

セキュリティの観点からは、特に安全性やフェイルセーフの部分について参考となる資料になります。この利用に掲げられている「利用時の品質向上のための留意すべき15の視点」を**図1**に示します。

IoT開発におけるセキュリティ設計の手引き

IPAがIoTセキュリティ設計を担当する開発者向けに公開している資料があります

- IoT開発におけるセキュリティ設計の手引き
  URL https://www.ipa.go.jp/files/000052459.pdf

この資料では、設計前の脅威分析・対策検討・脆弱性への対応について、自動車やヘルスケア機器、スマートハウスなどの具体的なIoTシステムを例に挙げ、デバイスからクラウドまでの間で起こりうる脅威や脆弱性と対応策について記載しています（**図2**、**図3**）。

脅威の発生箇所と起こりうる脅威、脅威に対する対策が表になっており、対策についてはセキュリティに関するオープンなコミュニティである「OWASP」（Open Web Application Security Project）など、外部のガイドラインへのポインタも記されています。

また前出の「つながる世界の利用時の品質」にも言及しており、特に設計時の脅威分析には利用しやすい資料となっています。

■図1　利用時の品質向上のための留意すべき15の視点

区分	視点	
組織文化	視点 1	つながる世界の利用時の品質を意識する
	視点 2	他部門と連携して取り組む文化を作る
	視点 3	自社や顧客の責任者の意識を変える
	視点 4	利用時の品質向上に関わる人材を育成する
把握・分析	視点 5	ユーザの特性や経験、文化、利用環境を考慮する
	視点 6	ユーザ経験を収集・分析・評価する
	視点 7	間接・受動的ユーザやプライバシーにも配慮する
	視点 8	利用状況や利用環境の変化の影響を考慮する
設計	視点 9	企画・設計段階からユーザを巻き込む
	視点10	ユーザを安全な操作に導く設計をする
	視点11	第三者に機能や情報を使わせない設計をする
	視点12	操作結果やメッセージを確実に伝える設計をする
保守・運用	視点13	ユーザや関係者からフィードバックを得る仕組みを作る
	視点14	知見を開発時及び出荷後の利用時の品質向上に活用する
	視点15	つながるリスクの周知と安全設定の仕組みを作る

出典：https://www.ipa.go.jp/files/000058465.pdf

■ 図2　コネクテッドカーの脅威と対策の検討例

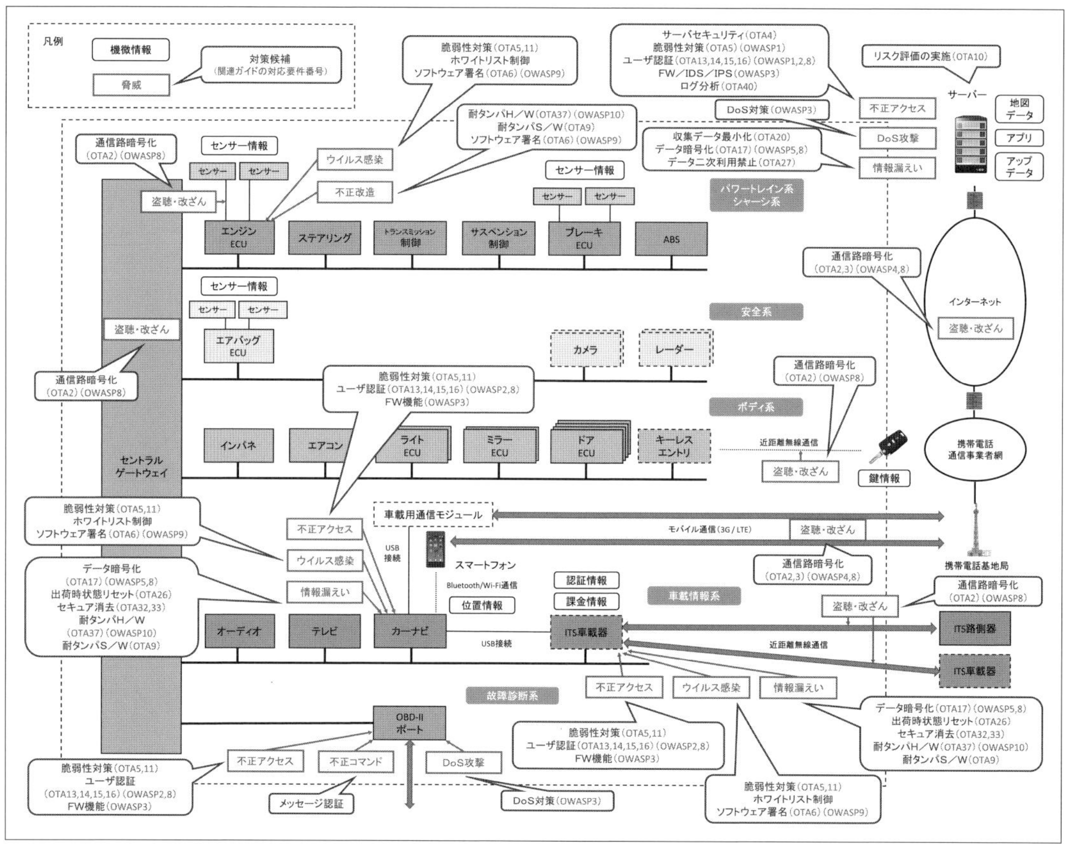

出典：https://www.ipa.go.jp/files/000052459.pdf

■ 図3　コネクテッドカーの脅威と対策表（一部）

脅威			対策候補		
発生箇所		脅威名	対策名	他のガイドとの関係	
				OTA	OWASP
コネクテッドカー	ECU	ウイルス感染	脆弱性対策	OTA5, OTA11	
			ホワイトリスト制御		
			ソフトウェア署名	OTA6	OWASP9
		不正改造	耐タンパーH/W	OTA37	OWASP10
			耐タンパーS/W	OTA9	
			ソフトウェア署名	OTA6	OWASP9
	ECU・センサー間通信	盗聴・改ざん	通信路暗号化	OTA2	OWASP8
	車載ネットワーク内（ECU・ECU間等）通信	盗聴・改ざん	通信路暗号化	OTA2	OWASP8
	OBD-II ポート	不正アクセス	脆弱性対策	OTA5, OTA11	
			ユーザ認証	OTA13, OTA14, OTA15, OTA16	OWASP2, OWASP8
			FW 機能		OWASP3
		不正コマンド	メッセージ認証		
		DoS 攻撃	DoS 対策		OWASP3

出典：https://www.ipa.go.jp/files/000052459.pdf

OTA IoT Trust Framework

Online Trust Alliance (OTA) は、一般ユーザーのセキュリティやプライバシー保護の強化のためのアメリカの非営利団体で、シマンテック、ベリサイン、マイクロソフト、Twitterなどがメンバーとなっています。IoT関係の資料としては「IoT Trust Framework」を公開しています (**図4**)。2017年12月時点で最新バージョンがv2.5となっています。

このフレームワークは、スマートホームやスマートウォッチなど、一般消費者が利用するデバイスにフォーカスして作られており、40の設問から構成されています。主な設問内容は以下のとおりです。

- デバイス、アプリケーション、クラウドサービスのセキュリティ
- ユーザーアクセスと認証
- プライバシー、情報開示と透明性
- 顧客への通知や関連するベストプラクティス

特に一般消費者向けのIoT製品を検討する段階でのチェックリストとして参考になるでしょう。

今後、このようなリストが特定産業や特定業務向けのIoTデバイスに対する要求事項として、製品認証などに利用されることが予想されるため、どのような内容がリストにあがっているのかを確認しておくことは有意義です。

GSMA IoT Security Guidelines & Assessment

「GSMA IoT Security Guidelines & Assessment」は移動体通信で利用される規格の標準化や技術開発を行う、移動体通信事業者の業界団体であるGSM Associationが公開しているIoTセキュリティのガイドラインとアセスメント資料です (**図5**)。

ガイドラインは、概要説明であるCLP.11と、サービス (クラウド／バックエンド) のガイドラインCLP.12、エンドポイント (エッジ／デバイス) のガイドラインCLP.13、そしてこれらの内容をチェックできる評価チェックリストCLP.17から成り立っています。またネットワーク事業者向けのガイドラインも公開されて

■図4 OTA IoT Trust Framework

IoT Trust Framework ● Required (Must) O Recommended (Should)	
Security – Device, Apps and Cloud Services	
1. Disclose whether the device is capable of receiving security related updates, and if yes, disclose if the device can receive security updates automatically and what user action is required to ensure the device is updated correctly and in a timely fashion.	●
2. Ensure devices and associated applications support current generally accepted security and cryptography protocols and best practices. All personally identifiable data in transit and in storage must be encrypted using current generally accepted security standards. This includes but is not limited to wired, Wi-Fi, and Bluetooth connections.	●
3. All IoT support websites must fully encrypt the user session from the device to the backend services. Current best practices include HTTPS and HTTP Strict Transport Security (HSTS) by default, also known as AOSSL or Always On SSL. Devices should include mechanisms to reliably authenticate their backend services and supporting applications.[1]	●
4. IoT support sites must implement regular monitoring and continual improvement of site security and server configurations to acceptably reduce the impact of vulnerabilities. Perform penetration tests at least semi-annually.[2]	●
5. Establish coordinated vulnerability disclosure including processes and systems to receive, track and promptly respond to external vulnerability reports from third parties, including but not limited to customers, consumers, academia and the research community. Remediate post product release design vulnerabilities and threats in a publicly responsible manner either through remote updates and/or through actionable consumer notifications or other effective mechanism(s). Developers should consider "bug bounty" programs and crowdsourcing methods to help identify vulnerabilities.	●
6. Ensure a mechanism is in place for automated safe and secure methods to provide software and/or firmware updates, patches and revisions. Such updates must either be signed and/or otherwise verified as coming from a trusted source, including but not limited to signing and integrity checking.	●
7. Updates and patches must not modify user-configured preferences, security, and/or privacy settings without user notification. In cases where the device firmware or software is overwritten, on first use the user must be provided the ability to review and select privacy settings.	●
8. Security update process must disclose if they are Automated (vs automatic). Automated updates provide users the ability to approve, authorize or reject updates. In certain cases a user may want the ability to decide how and when the updates are made, including but not limited to data consumption and connection through their mobile carrier or ISP connection. Conversely, automatic updates are pushed to the device seamlessly without user interaction and may or may not provide user notice.	●

出典：https://otalliance.org/system/files/files/initiative/documents/iot_trust_framework6-22.pdf

■図5 GSMA IoTセキュリティガイドラインの文章構成

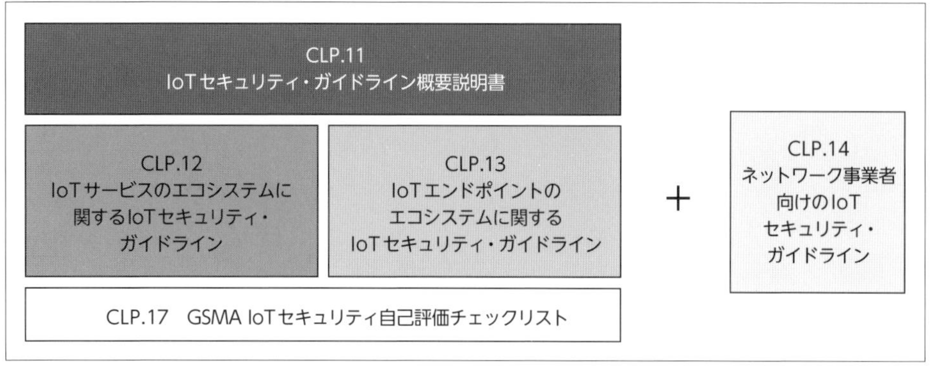

出典：https://www.gsma.com/iot/wp-content/uploads/2017/11/CLP.11-v2.0_JPN.pdf

おり、IoTの通信技術に関するセキュリティについても情報を得ることができます。概要説明は日本語訳もあり、これだけでも参照する価値がありますので一読することをお勧めします。

- GSMA IoT Security Guidelines & Assessment
  URL https://www.gsma.com/iot/future-iot-networks/iot-security-guidelines/
- IoTセキュリティ・ガイドライン概要説明書
  URL https://www.gsma.com/iot/wp-content/uploads/2017/11/CLP.11-v2.0_JPN.pdf

サービスとエンドポイントについて、どのような要求事項があり、どのようなアタックがあるのかがその背景とともに詳細に記載されており、IoTセキュリティ設計には大変参考になる資料です。IoTセキュリティ設計上、満たすべきポイントが重要度ごとに記載されており、そのポイントについて内容と発生しうるリスク、対応方法について具体的な技術情報も記載され、非常に実践的な内容になっています。IoTシステムの企画段階から運用まで、各フェーズで取り組むべき内容も取りまとめてあり、この資料セットだけを利用しても、IoTセキュリティの検討作業には十分でしょう。

＊　＊　＊

本節で紹介した資料はいずれもガイドラインに近い資料で、IoTセキュリティを検討する際の足がかりとなります。詳細なセキュリティ実装については、各機器・サービス提供ベンダーが資料を提供しているので、利用対象の機器やサービスについて調べられることをお勧めします。

IoTセキュリティのアセスメントから実装まで

4.3 IoTシステムのセキュリティ設計

IoTシステムに強固なセキュリティをかけるには、これまでとは異なる注意点があります。一般的な対策だけでなく、IoTシステム向けに何が必要が解説します。

はじめにやるべきこと

IoTシステムのセキュリティを検討するときに、まずはじめにやるべきことは、IoTシステムを構築・運用する企業および関連組織において、IoTシステムの性質を考慮したセキュリティの方針を定め、企業のトップレベルからIoTシステムに対する意識を持つことです。

国内でも多くの企業が取得しているISO/IEC27001(ISMS認証)の規格においても、情報セキュリティ基本方針を定め、経営層からのコミットを要求していますが、IoTシステムにおいても同様に、方針を定めて経営層のコミットを得る必要があります。

IoTシステムは、従来のスタンドアロン機器と異なりネットワークに接続されるため、ハッキングなどにより意図しない接続が発生し、外部に影響を与える可能性があります。

いったん機器自体を出荷してしまうと、脆弱性が発見されたあとの改修が難しい場合もあり、脆弱性が残った製品がネットワークに接続され続ける可能性もあります。

IoTデバイスから取得するデータも、単一のデータでは意味を持たないものが、時系列でリアルタイムに取得することで意味を持つ場合もあり、収集したデータが思わぬプライバシー侵害を引き起こす可能性もあります(たとえば、家の電気利用量の増減がわかると、どの時間に在宅かどうかわかってしまいます)。

しかしながら、こういったリスクはIoTシステムの構築時や運用開始直後にはわからない場合もあり、リスク分析でリスクがわかった場合でも、システムにかける費用との兼ね合いで対策が取られない可能性があります。このため、経営層からのIoTシステムへのコミットは必ず必要となります。

何を守るのかを定め、脅威を分析する

次に、リスク評価を実施します。リスク評価はビジネス的な観点と技術的な観点から行う必要があります。まずは、構築するIoTシステムに関連する機器やデータを洗い出し、保全が必要な資産は何かを明確にする必要があります。資産には、物理的な資産や金融資産だけでなく、パテントやプログラムなどの知的財産やデジタル資産、企業のブランドや社会的な信頼性、利用者のプライバシーといった無形の資産も含まれます。さらに、資産の価値についても評価を行います。

保全の対象となる資産を洗い出したら、構築するIoTシステムに対して、資産に対してどのような脅威が考えられるのか、またその対応策について検討します。

脅威については、前節で紹介したガイドライン群を参照することで大枠の洗い出しが行えます。自動車やスマートホームなどはガイドラインにも例が記載されているため、類似のIoTシステムであれば参考にできるでしょう。あとは、IoTシステムに関わる組織や運用体制による脅威など、個別の状況による脅威について検討する必要があります。

保全するべき資産とそれに対する脅威、取りうる対応策についての洗い出しが終わったら、対象となるIoTシステムに対するセキュリティ計画を、ITとビジ

ネスの両面から確認し、優先順位をつけます。考えうる脅威に対して技術面だけで対策を行おうとすると、費用や開発期間が現実的な範囲に収まらなくなる可能性があります。このため、費用対効果も含めた検討が必要です。たとえば脅威に対して必要な技術的対策が困難な場合、保険をかけて回避をするという方法も考えられますし、ビジネスインパクトが少ないものはそのリスクを許容するという判断もできます。

リスク評価の手法はさまざまありますが、脅威の発生確率、発生時の損害、対応に要する技術的／ビジネス的なコストなどをランク付けし、優先順位をつける方法がよく用いられます。クラウドセキュリティアライアンスジャパン（CSAジャパン）のIoTワーキンググループが公開している、「Internet of Things（IoT）インシデントの影響評価に関する考察」に記載されている評価レベル表なども、リスク分析の際の参考になります（**表1**）。

- Internet of Things（IoT）インシデントの影響評価に関する考察
  URL https://www.cloudsecurityalliance.jp/newsite/wp-content/uploads/2016/05/IoT_incident_evaluation_V11.pdf

IoTシステムは長期にわたって利用されるケースも多くあります。このため、設計時にリスク評価を行うだけでなく、最新の動向を鑑みながら、リスク評価を定期的に実施することが望まれます。会社の年間ISMS計画にリスク再評価のプロセスを組み入れるなどして、経営層含めて継続的に見直しをすることが重要です。

■表1　デバイス数による評価

レベル	尺度
1	100デバイス未満
2	1000デバイス未満
3	10000デバイス未満
4	100000デバイス未満
5	100000デバイス以上

出典：https://www.cloudsecurityalliance.jp/newsite/wp-content/uploads/2016/05/IoT_incident_evaluation_V11.pdf

設計と実装

次に、リスク評価で発見された脅威や脆弱性に対して、実際にIoTシステムにどのように対応策を実装するのかを設計します。

IoTセキュリティは、企画・設計段階からIoTシステムに組み込まれるべきもので、各ガイドラインにおいても、企画・設計段階からセキュリティを確保する「セキュリティ・バイ・デザイン」という用語が用いられています。IoTシステムは、大量のIoTデバイスがさまざまな場所に配置されるという特性上、システムリリース後の追加のセキュリティ対策が困難なこともあります。設計段階でセキュリティについて設計しておくことで、IoTシステムの保護が行えるようになり、運用開始後に発生するセキュリティに対するコストを抑えることができます。

IoTシステムはデバイス、通信、クラウドと実装対象が多岐にわたりますが、具体的に利用する機器・サービスにより実装は異なります。本書では、特にIoTセキュリティにおいて必ず検討が必要な「ID/アクセス管理」と「IoTデバイスの保護」について説明します。

ID/アクセス管理に関する設計・実装上の課題

あらゆるITシステムにおいて、利用者をユニークに特定したり、利用者とデータをひも付けたりするためのIDの設計は、必ず必要となる作業です。

IDの設計は通常システム設計時から行われ、システム開発、運用時やシステム改修／拡張時にも大きな影響を及ぼすため、非常に重要な設計項目となります。

たとえばユーザーIDをどのような値にするのか、桁数やフォーマットはどうするのか、システム的にどのように採番するのか、など多くの検討項目があります。

これはIoTシステムについても同じことが言えるのですが、IoTシステムではさまざまな種類の通信と、数多くのIoTデバイスが利用されるため、これらの特性を考慮したIDの設計が必要となります。

以下では、このようなIoTシステムの特性を考慮したIDの設計について見ていきます。

デバイスの識別のためのID

まずは、非常に単純なユースケースを想定してみましょう。

温度センサーの付いたデバイスが1つあり、通信方法としてWi-Fiを利用し、インターネットに接続するケースです。このデバイスから一定間隔でインターネット上のサーバに対して送信を行います。

プロトコルにはHTTPSを利用し、サーバの指定ポートにデータを送信することにします。このとき、デバイス側がサーバに接続しデータを正常に送信するには、少なくとも以下の情報が必要となります。

- Wi-FiのSSIDと、それに接続するためのID/パスワード
- 通信先のサーバアドレス
- 通信先サーバに送信するためのデータフォーマット

データフォーマットは、以下のような形式とします。

```
{
  "temperature" : 23.5
}
```

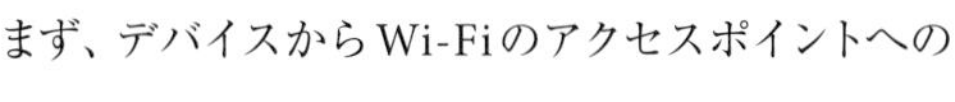

では実際に、デバイスからサーバに温度センサーのデータを送ってみましょう。

まず、デバイスからWi-Fiのアクセスポイントへの接続が行われます。認証が行われ、接続が確立されたあとに、送信プログラムが通信先のサーバアドレスを使ってSSL接続を行います。SSL証明書は、あらかじめデバイスに入れられたルート証明書を使って検証を行います。

すべての接続が行われたあとに、デバイスからサーバにデータが送信されます（**図6**）。

上記の処理を行うことで、デバイス側の温度センサーのデータをサーバに送る処理は成功します。

しかしながら、これをIoTシステムで実用しようと考えると、明らかに以下の2点が問題になります。

- どのデバイスから来たデータなのか、サーバ側では判別できない
- どこから来たデータでも、サーバが受け取ってしまう

データフォーマットには、デバイスを識別するためのデータが付与されていません。このため、同一の設定が行われたデバイスが2つ以上になった場合、サーバ側では送信元のデバイスを判別できなくなります。

デバイス側のIPアドレスで判定できるという可能性もありますが、複数のデバイスが同一のWi-Fi経由で接続する場合、通常インターネット接続時にNAT（Network Address Translation）が行われるため、送信元のIPアドレスも同じになってしまい、IPアドレスでの判定もできません。

また、サーバはインターネット上に配置してあるた

■図6　デバイスからのデータ送信

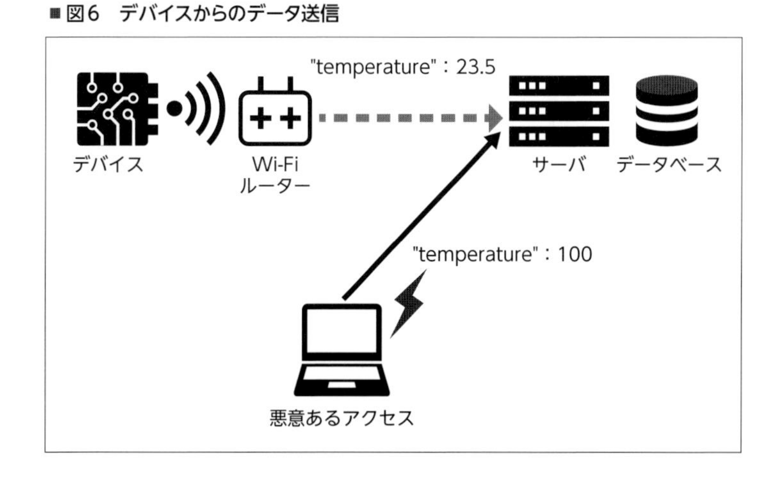

め、デバイス以外からでもアクセスできます。接続先がわかってしまえば、デバイス以外からでもデータを送信できます。

では、どのデバイスからきたデータなのかを判別するために、デバイス側にIDを設定することにしましょう。IDはユニーク性が必要なため、サーバ側で生成したものを各デバイスに設定します。

この結果、デバイスに必要な情報は以下の4つとなります。

- Wi-FiのSSIDと、それに接続するためのID/パスワード
- 通信先のサーバアドレス
- 通信先サーバのSSL通信に利用するルート証明書
- デバイスID

デバイス側では、割り振られたデバイスIDを送信データに付与するような仕組みにします。たとえばHTTPヘッダーに入れたり、クエリストリングに入れるなどの手法がよく使われます。ここでは先出のデータフォーマットに"deviceId"という属性でデータを入れることにします。

```
{
  "deviceId" : "DEV-00001"
  "temperature" : 23.5
}
```

この形式でデータ送信を行うことで、サーバ側は送信データからデバイスIDを取り出し、どのデバイスから来たデータなのかを見分けられるようになります。このデバイスIDと送信データをデータベースに格納しておけば、あとから同一デバイスの時系列データを追うことができます。また、サーバ側でデバイスIDに紐付いた情報、たとえば対象デバイスの種類や設置場所、出荷先などがわかれば、あらかじめデバイスIDと紐付けしておくことで管理も楽になります。

さらに、サーバ側にデバイスIDの一覧を持つことで、不正なデバイスIDの入ったデータを拒否することも可能になります(図7)。

では、実際にデバイスIDを足しただけでよいのかというと、これにもまだ問題があります。サーバ側は、送信データ内にデバイスIDが入っていれば受け付けてしまうため、もしデバイスIDが漏れてしまった場合、偽装したデータを容易にサーバに送信することができてしまいます。またデバイスIDのフォーマットも、連番になっていると推測される場合(たとえばDEV-0005など)、1つデバイスIDが漏れることにより、数値部分を変えることで攻撃が成功する可能性が高くなります。

デバイスIDが漏洩した場合、デバイスID自体を変更してしまうと過去データとの整合性が取れなくなるため、デバイスIDはあくまで識別子として利用し、正しいデバイスかどうかを判定させるために、シーク

■図7　IDを付与したデータ送信

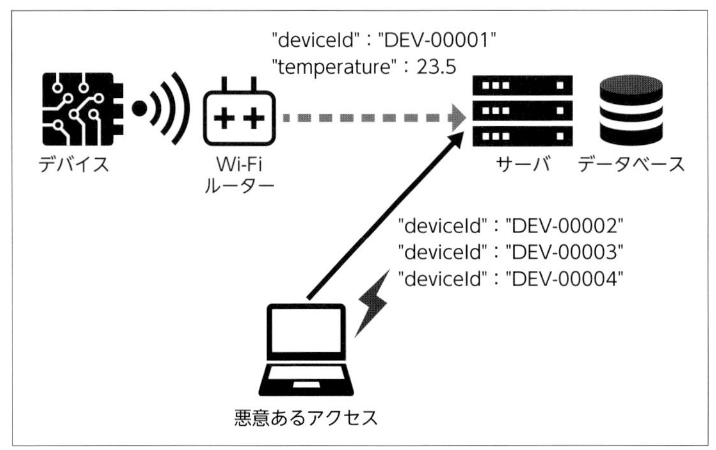

レットキーやパスワード、共通鍵などデバイス固有の認証情報を持たせる必要があります。

```
{
  "deviceId" : "DEV-00001",
  "password" : "mAYnVpWk6No="
  "temperature" : 23.5
}
```

一番簡単な仕組みは、パスワードを発行してそれを元に認証する方法でしょう。IoTでよく利用されるプロトコルの1つであるMQTTは、接続時にユーザー名とパスワードをパラメータに含めることができ、この情報でIDの認識と認証を行います。

しかしながら、毎回パスワードそのものを送信すると、漏洩するリスクが高まります。このため、初回接続時のみパスワードを使い、一時的なトークンを払い出したあとはそのトークンを使用して認証をするトークンベースのアプローチを利用して、漏洩リスクを減らすことができます。

認証情報だけではなく、データ自体が正しいかどうかを確認するために、X.509証明書で送信するデータも含めて署名し、検証できるような仕組みもよく利用されます。

たとえばAWSのAPIを呼び出す場合は、「AWS Signature Version 4」という方式が使われています。

- AWS Signature Version 4
  URL http://docs.aws.amazon.com/general/latest/gr/sigv4_signing.html

これは、API呼び出し時のクエリパラメータやデータのハッシュ値、日付、呼び出し先サービス名などの変数とシークレットアクセスキー（API呼び出し時に使用する秘密鍵）を用いて、データ送信時の署名情報を作る方法です。

日付やデータのハッシュ値がパラメータとなっているため、仮に通信データを盗まれた場合でも、元となるシークレットアクセスキーを特定することは困難です。

またAWSのIoTサービスである「AWS IoT」の場合は、X.509証明書を利用して、データの署名と認証を行っています。

認証については、ハッシュやデータ署名なども行うほうがセキュリティとしては望ましいと言えます。しかしながら、利用する認証が複雑になるほど、認証に必要なデータや計算が多くなり、デバイスによっては計算を行うためのライブラリがなかったり、バッテリー消費が増加する場合があるため、送受信するデータの機密性だけではなく、利用するデバイスやデバイスが置かれる環境も考慮して認証方式を選定する必要があります。

認証情報を定期的にアップデートしなければならない場合、たとえばX.509の場合は証明書の有効期限があるため、有効期限前に証明書ファイルの入れ替えが必要になりますが、デバイスの寿命によってはこういった認証情報の入れ替え方法も事前に設計に盛り込む必要があります。

IoTデバイスが定期的に人が保守を行える環境にあればよいですが、人が行くには時間がかかる場所や、また管理対象のデバイス数が多い場合、運用開始後の保守作業についても事前の検討が必要です。

IoTデバイス上でのID/認証情報の払い出し

前節では、IoTデバイスのIDと認証についていくつかの方式を説明しました。しかしながら、IoTシステムにおいて一番問題となるのが、IDと認証情報をどのようにIoTデバイスに配置するかという点です。

人が使う前提のデバイス、たとえばスマートフォンであれば、IDと認証情報は利用者が持つことになり、システムログインや認証が必要な際に、パスワードを入力したり生体認証したりすることができます。あるいは重要なシステムにアクセスするデバイスであれば、MFA（Multi-Factor Authentication）デバイスを用いた多要素認証を利用して、都度ワンタイムパスワードを入力することも可能です。仮に認証情報が漏れてしまった場合でも、所有者が能動的に認証情報を変更することもできます。

しかしながら、IoTデバイスは人手を介さずに動作する場合が多く、IDや認証情報はIoTデバイス内部で保持する必要があります。またバックエンドのシステムでデバイスを認識させるID／認証情報のほかに、Wi-Fiやモバイル通信で接続に使うID／認証情報を持つ必要もあり、どのようにIoTデバイスにこの情報を配布するか、配布後にどう保持するかは、IoTシステムを構築では重要な事項になります。

ID／認証情報の配布は、キッティング（デバイスの準備）プロセスにも関わってきます。

デバイスを特定するには、ユニークIDと認証情報がデバイスにセットされていなければなりません。このため、デバイスの出荷前段階でID／認証情報の払い出しと、デバイスへの設定が必要になります。仮にIoTデバイスのファイルシステムにこの情報を保存すると、キッティングするIoTデバイス分のID／認証情報のファイルを作成し、1つ1つファイルをコピーしていく必要があります。もし出荷するIoTデバイスの出荷先が決まっており、特定のアカウントや組織と紐付ける必要がある場合は、払い出されたIDと出荷先のアカウントを紐付けて持っておく必要があるため、デバイスの数によっては多くキッティング工数がかかる可能性もあります（図8）。

このほかに、キッティングをするためのシステムを準備しておかないと、作業者のミスにより、割り振られたIoTデバイスのIDが正しいアカウントに紐付けられなかった場合、送信されたデータが正しいアカウントのデータとして取り扱われなかったり、ネットワーク設定が異なるため出荷先のネットワークに接続できなかったりする可能性があります。

たとえばIoTデバイスからのデータは「A3YdDU」などのIDが付与されて送信されてきますが、このIDのデバイスがどの場所で動作しているかが正しく紐付けられていなければ、データを取得する意味がなくなります。エラー情報を送信してきたIoTデバイスがあったとして、そのデバイスの場所が正しくわからなければ意味がないということです。

IoTシステムのPoCを行う際は、たいていの場合、利用するIoTデバイスの数が少ないため、このID／認証情報の払い出しは問題になりませんが、実際の運用では上記のようなキッティングプロセスが必要となるため、PoC段階でこのプロセスについて、設計段階で検討をしておく必要があります。

ID／認証情報の保持

これまで説明してきたプロセスで無事に払い出しが行われ、正しくIoTデバイスに値がセットされた場合でも、そのID／認証情報が盗まれコピーされてしまうと悪意あるアクセスが容易に成功してしまいます。IoTデバイスが物理的に盗まれた場合、電気的な方法で現物を読み取る攻撃が可能になるため、このような攻撃からID／認証情報を保護する仕掛けが必要となります。

このような攻撃に対する対策として、組み込みセキュアエレメント（embedded Secure Element：eSE）を利用するという方法があります。セキュアエレメントは、耐タンパー性[注1]を備えており、安全にデータを格納できるICチップです。たとえばSTマイクロ社の

注1　耐タンパー性とは、物理的な破壊や、ICからの電磁放射観測、リセットピンやクロックノイズにノイズを挿入した挙動の観察など、物理的に内部を読み取るさまざまな攻撃に対する耐性のことです。

■図8　ID／認証情報の払い出し

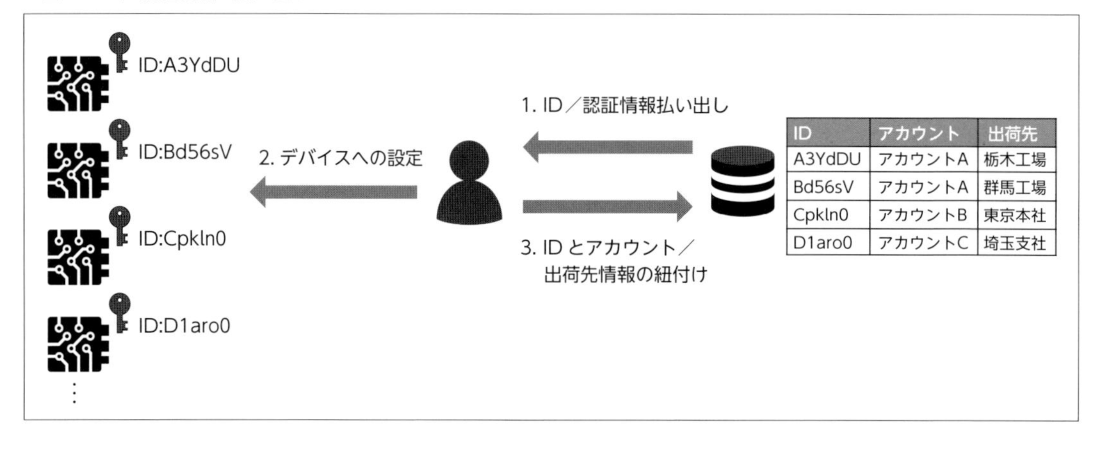

STSAFE-Aは、IoTデバイスで使えるセキュアエレメントとして提供されています。

セキュアエレメントは、ICチップの出荷時にあらかじめX.509証明書や端末IDなどの認証情報を書き込んだ状態で出荷されます。セキュアエレメントに書き込まれた情報は、セキュアエレメントの製造メーカーからIoTシステム構築を行う組織に渡されます。

セキュアエレメントはIoTデバイスに実装され、デバイス内のアプリケーションからは、セキュアエレメント内の認証情報を使って通信用の暗号鍵を交換したり、データに署名できます。このため、デバイスに安全にIDとキーを保存できます。また、IoTデバイス製造メーカーやキッティング実施時に認証データを見られたりコピーされたりするリスクを回避できます(**図9**)。

この仕組みを利用しているのが、3GやLTEといったモバイル通信です。モバイル通信で利用されるSIMは、それ自体がセキュアエレメントになっており、通信時の認証／暗号化のための情報が格納されています。スマートフォンやUSBドングルに搭載されたモデムは、このSIMカードの情報を使って通信キャリアと接続を行います。

この認証情報はSIMを提供している通信キャリアしか持っていないため、通信端末と通信キャリア間で安全に通信することができ、通信端末の真正性を担保できます。

なお、ソラコム社が提供するSORACOM BeamやFunnelといったサービスは、このSIMを使った安全な認証を使ったサービスを提供しています(**図10**)。

SORACOM Beam/Funnelは、SIMカードと通信キャリアの認証をもとに、SORACOM上で設定されたデータ転送先の認証情報を付与するサービスです。通常であれば、データ送信先のID／認証情報をIoTデバイスに保持する必要がありますが、このサービスを利用すると、SIMで行われる認証を拠り所にし

■図9　セキュアエレメントの提供

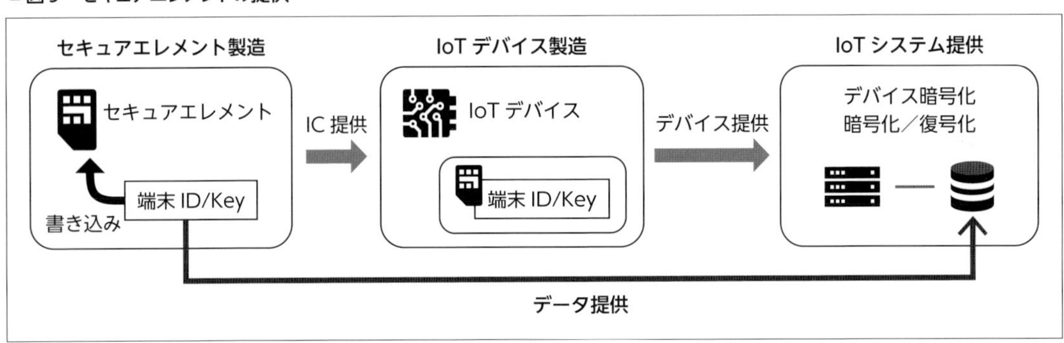

■図10　SORACOM Beam/Funnel

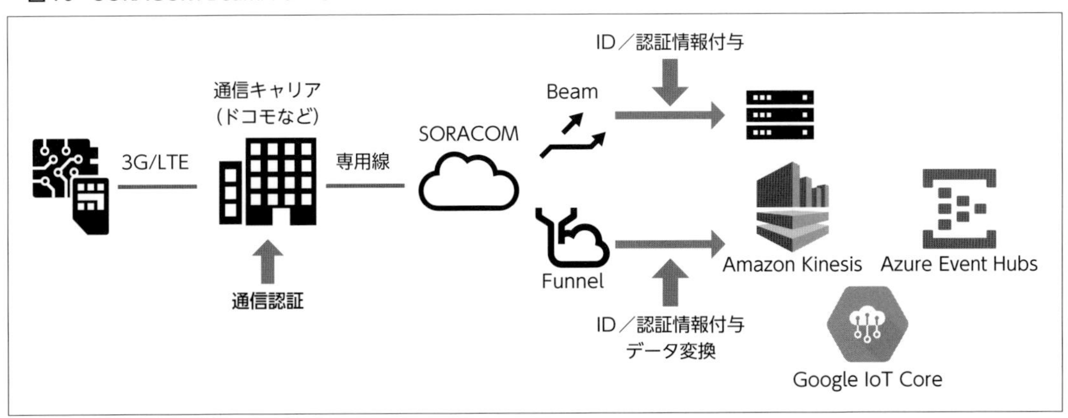

て、クラウド側に送信先の認証情報を持たせられます。このため、IoTデバイス側で守るべき情報を減らしセキュアにすることができます。

IoTデバイスにセキュアエレメントがあると、その認証情報や鍵を用いて通信やデータの保護を確かなものとすることができます。このため、IoTシステム構築時には、セキュアエレメントやSIMの利用を検討すべきでしょう。

IoTデバイスの保護

前節では、IDと認証情報についての解説を行いました。IoTデバイスではこれらの情報を安全に格納しておくことが重要ですが、実際にこの情報を使って通信を行うOSやプログラムについても、同様に保護する手段を検討する必要があります。たとえばIoTデバイスを盗まれ、プログラムを不正に書き換えられ送信データを改ざんされた場合、デバイスに格納してある正しいIDと認証情報を利用されると、改ざんされたデータを正しいものとしてサーバが受け取る可能性があります。

IoTデバイスの保護については、Arm社の公開しているPlatform Security Architecture (PSA) が参考になります。ARMは多くのIoTデバイスで利用される「Armアーキテクチャ」を提供していますが、このPSAはARMのプロセッサだけではなく、IoTデバイスで汎用的に利用できるアーキテクチャになっており、その参照実装となっているのがArmの提供するデバイスやOSです。

PSAは、「アーキテクチャ(Platform Security Architecture)」「脅威モデルと分析 (Thread models and Security Analyses)」「実装 (Implementation)」の3つのパートに分かれています (図11)。

IoTデバイスの保護の仕組みについては、Platform Security Architectureの部分となります。ここでセキュアな仕組みを実現する方法を示したのが図12になります。

PSAを実装するには、まず信頼のよりどころとなる情報をデバイスに書き込むところから始まります。STマイクロエレクトロニクスやNXPなどのMCUベンダーが公開鍵／秘密鍵のペアを作成し、公開鍵のハッシュをMCUに書き込みます。MCUによっては、OTP (One Time Programmable) 領域を持っており、機器製造メーカーがデバイスの製造時に書き込むこともあります。いずれにしても、この公開鍵／秘密鍵のペアおよびデバイスに書き込まれた公開鍵のハッシュが、信頼のよりどころとなります。

ファームウェアを実装するユーザーは、ファーム作成後に秘密鍵を使ってファームウェアに署名を追加します。さらに、公開鍵自体もファームウェアに含めて署名を行います。

ファームウェアが書き込まれたデバイスは、電源

■図11　ARM Platform Security Architecture

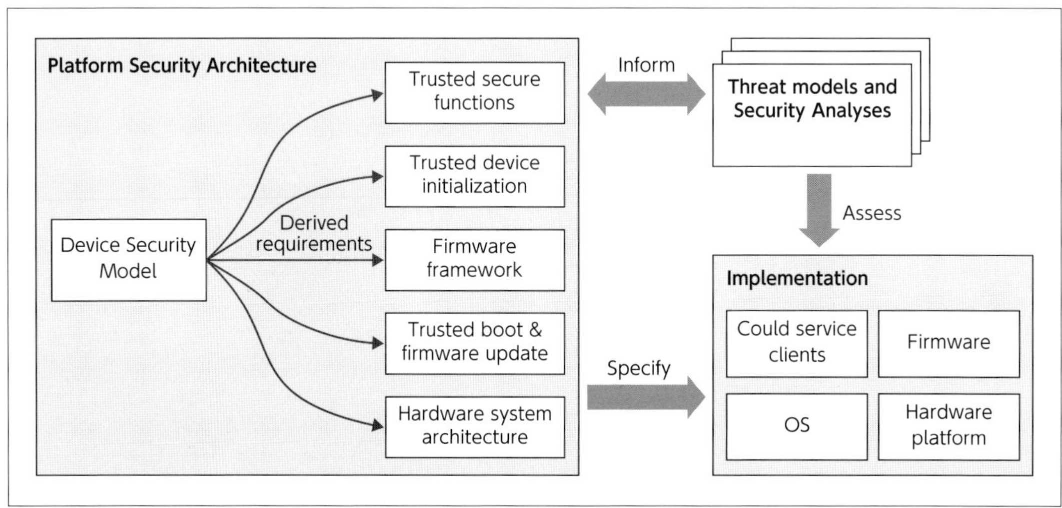

ON後のブートプロセスで、ファームウェアに入った公開鍵のハッシュと、MCUに書かれたハッシュが合致するかを確認します。そして、その公開鍵を使って、ファームウェアの署名の検証を行います。

仮に公開鍵が改ざんされていたとしても、ハッシュ値の比較で検出できます。ファームウェアが改ざんされていたとしても、署名の検証時に検出することができ、ファームウェア自身の真正性を保証します。

サーバに接続する際のIDや認証情報はファームに入れておくこともできますし、より安全にするのであればセキュアエレメントを利用します。通信で利用するセッションキーや一時キーのような情報は、セキュアメモリという空間で保持することで、実行中のメモリ領域への読み取りを防ぐことができます。

PSAの仕組みは、おおよそ上記のようになっており、Armではこのアーキテクチャの参照実装としてCortex-M v8、Mbed OS、Arm Trusted Firmware-Mを提供しています。

今後は、このPSAやこれに準ずるアーキテクチャが利用できるデバイスやOSが各社から提供されることでしょう。IoTデバイスを選択する際には、このような機能が使える製品を選択すべきです。

まとめ

本章では、IoTセキュリティについて策定段階から実装の検討までの部分を説明しました。ガイドライン類は俯瞰的な視野を持つという点でも参考になることが多く、無料で入手可能ですので、一度目を通すことをお勧めします。

また設計・実装という観点では、今回説明したIDやデバイス保護のほかにも、ネットワークやクラウド、アプリケーションといった要素の観点もあります。筆者の所属するソラコムも、SIMを使った認証とクラウドまでの閉域接続を行って、外部ネットワークからの脅威を低減するという仕組みを提供しています。トレンドマイクロやAWSもIoTシステム保護のソリューションを発表しています。IoTセキュリティは発展途上の分野で、日々新しい製品やソリューションが発表されていますので、継続的に情報を収集し、定期的なリスク評価を行っていくことが重要です。

この章の執筆にあたり、STマイクロエレクトロニクス社の岩村様と石川様、株式会社ウフルの竹之下様に情報のご提供を頂きました。この場をお借りしまして、感謝致します。

■図12　Platform Security Architectureの要素

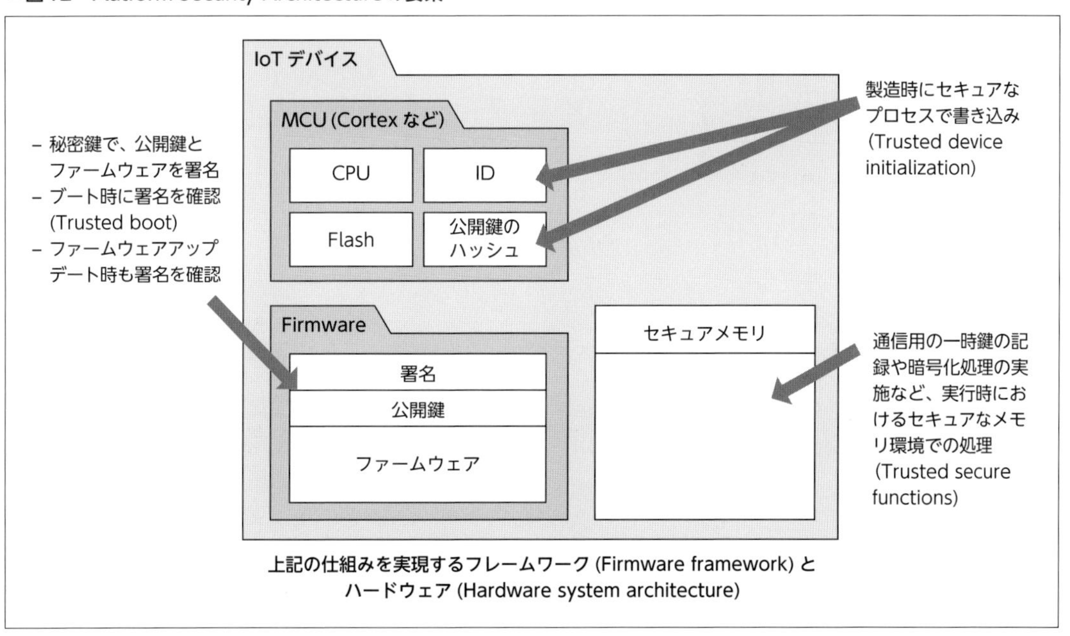

第5章

消費電力の効率化／クラウド連携／回線管理
The New Normal AWS Architecture
事例紹介

本章では、SORACOMプラットフォーム上で実際にIoTを活用したビジネスやアプリケーションを運用している事例を、消費電力の効率化、クラウド連携、下り通信、大量の回線の管理という4つの技術的課題を切り口にして紹介します。

今井 雄太　IMAI Yuta

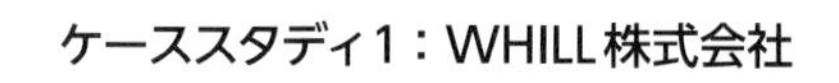

5.1 消費電力の最適化

本章では、SORACOMプラットフォーム上で稼働しているIoT事例を４つ取り上げています。最初の事例は消費電力の効率化をテーマに、WHILL株式会社のケースを紹介します。

はじめに

最初に取り上げるのは、消費電力の最適化のお話です。バッテリーで駆動するデバイスはこの課題と常に戦っていく宿命にあります。駆動時間を長くするには、バッテリー容量を大きくすること、消費電力を減らすことの2つのアプローチがあります。

前者は物理的により大きなバッテリーを搭載するか、搭載する電池の数を増やすことになります。やればやるだけデバイスは大きくなり重くなっていきます。容量を増やせば、ほぼリニアに駆動時間も延びるのでシンプルなアプローチではありますが、デバイスの大きさや重さの制約により、無制限にこれが許されることはありません。したがって、後者の消費電力をいかにして減らすのか、つまり電力の効率的な利用が重要なアプローチになってきます。

では、消費電力を減らすにはどうしたらいいでしょうか？ いろいろなアプローチがありますが、ここではWHILL株式会社（以下、WHILL社）が取り組んだ、通信部分における消費電力の最適化の事例を紹介します。

パーソナルモビリティ「WHILL」における省電力化のチャレンジ

パーソナルモビリティ「WHILL」はバッテリーで駆動する、スタイリッシュなデザインに洗練された使い心地と直感的な操作性を兼ね備えた、新しいパーソナルモビリティです（図1）。

WHILL社ではカスタマーサポートの効率化のために、稼働中のモビリティの状態を遠隔で、AWS上のサーバに収集する方法を検討していました。しかし、通信をすればするほどバッテリーの消費量は増え、モビリティの稼働時間が削られてしまうという課題があり、これを解決するためにSORACOM Beamを採用しました。SORACOM Beamは、SORACOM Airから利用できるセキュアなリバースプロキシで、デバイスからHTTP、TCP、UDPなどの暗号化されていないデータを受け取り、HTTPSやTCPSにそのペイロードを載せ替えてバックエンドのサーバに届けてくれるサービスです（図2）。

SORACOM Beamによる暗号化オフロード

SORACOM Beamは、2つの方向から通信時のデバイスのバッテリー消費を抑えてくれます。

■図1　パーソナルモビリティ「WHILL」

1つ目は、デバイス側でのペイロードの暗号化の必要性がなくなるということです。SORACOM Beamは、`beam.soracom.io`というエンドポイントでデバイスからのデータを受け取り、あらかじめユーザーが設定した転送先に、同じく設定されたプロトコルに載せ替えて転送するリバースプロキシです。

SORACOMプラットフォームとWHILL社のサーバの間はインターネットを介した通信が必要で、この区間においてデータを暗号化等により保護する必要がありました。ですが、この暗号化処理をデバイスのCPUに行わせてしまうと消費電力が増えてしまいます。

WHILL社のケースでは、平文のデータをUDPデータグラムに載せて送信し、暗号化（HTTPSへの変換）をSORACOM Beamに任せています。この方式を採用することによりデバイスは暗号化処理から解放され、その分のバッテリー消費を節約しているのです。デバイスからSORACOMプラットフォームの間は携帯電話キャリアが提供するセキュアなセルラーネットワークおよび専用線によって結ばれているため、この区間はデータそのものの暗号化は不要です[注1]。

注1　もちろん、それでもポリシー上の制約であったり、アプリケーションの仕様上、暗号化してデータを通すことにはなんの問題もありません。

SORACOM Beamによるデータ送信量の最小化

さらにこのケースでは、デバイスが使うプロトコルにUDPを選択することにより、プロトコルのオーバーヘッドを最小化しています。無線通信の場合、通信量が増えると電波を発信する量も増え、それがバッテリー消費の増大につながります（**図3**）。

図3は、約10バイトのペイロードを送信するときの総データ送信量を比較したものです。HTTPSよりはHTTP、HTTPよりはTCP、TCPよりはUDPのほうがプロトコルのオーバーヘッドが少なくなります。WHILL社では、最もオーバーヘッドの小さいUDPを選択することによって、電波を発信する量を減らし、バッテリー消費を抑えています。もちろん、UDPは再送制御はありませんし、大きなメッセージを載せることもできません。1つのメッセージサイズは最大で約1500バイト弱に収める、1つのメッセージが到達しなくても次のメッセージで補完ができるようにするなど、プロトコルの制約をアプリケーションでカバーしてやる必要があります。

なお、この図の比較はあくまで新しくセッションを開いて通信をした場合の、いわゆる「最悪時通信量」での比較です。実際にはTCPセッションの再利用による通信量の最適化なども可能なので、ケースバイケースでアプリケーション開発とのトレードオフを勘

■図2　SORACOM Beam

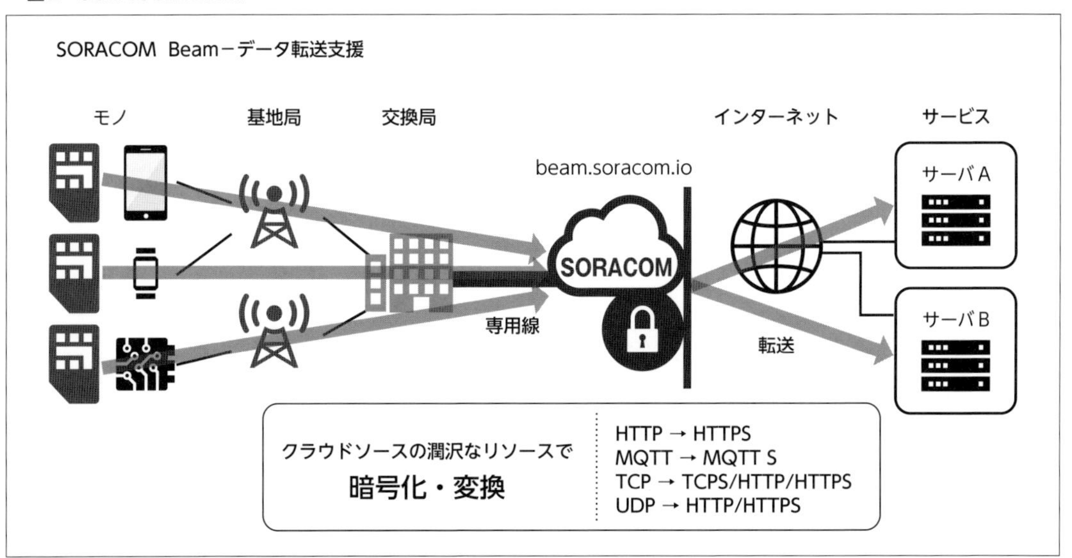

■図3 プロトコルによるオーバーヘッド量の違い

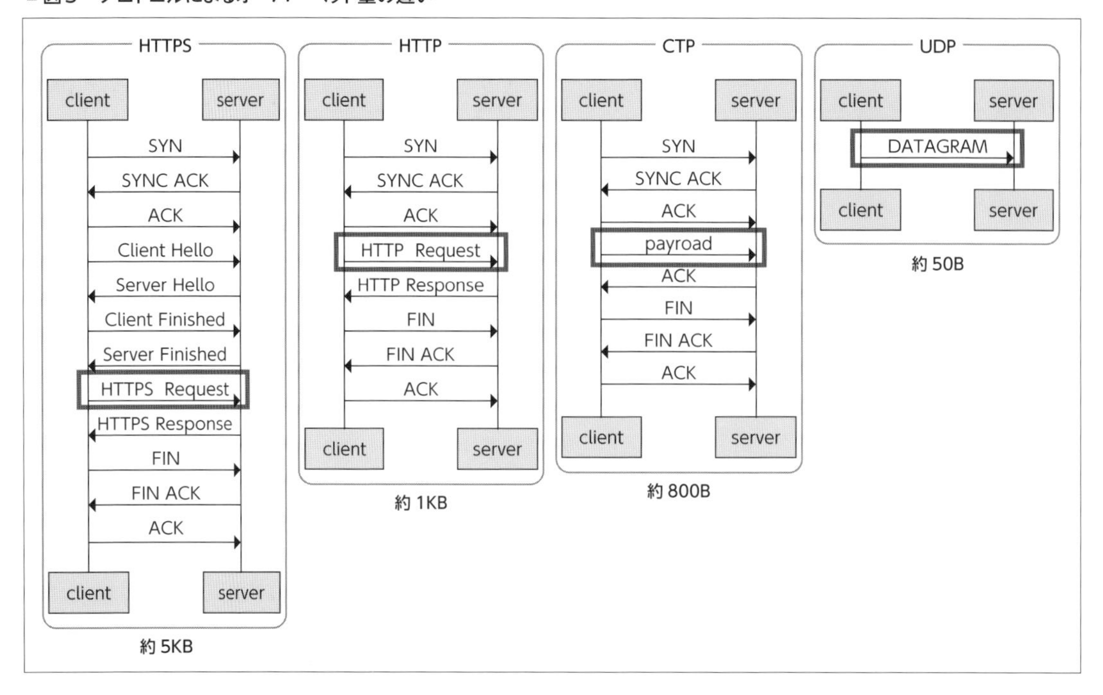

■図4 WHILLのアーキテクチャ

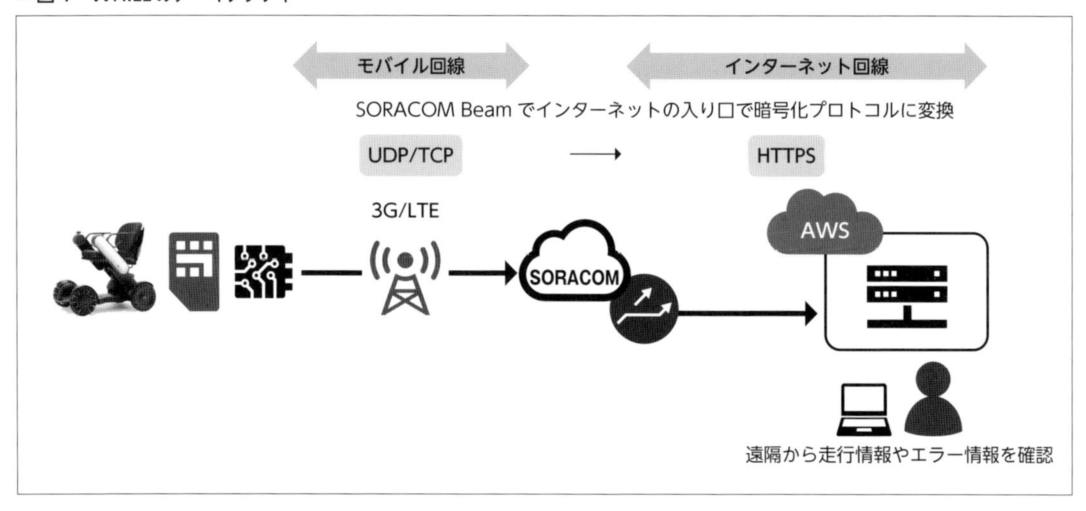

案しながら最適な選択を考えることが大事です。

セキュリティとバッテリー消費量のトレードオフを解消

こうしてWHILL社のケースでは、セキュリティを犠牲にすることなく、通信部分におけるバッテリー消費量の最小化をすることに成功しました（**図4**）。

もちろん、プロトコルの最適化以外にもさまざまなアプローチがあります。たとえば、通信が必要なとき以外は通信モジュールをスリープさせる方式もありますし、ロジックや状態の管理をクラウド側で行うことによってデバイスの実装を軽量化するなど、さまざまな方策が考えられます。

5.2 デバイスとクラウドの連携

2番目の事例は、IoTデバイスとクラウドサービスをうまく連携させて使いこなしている2社、ダイドードリンコ株式会社、東急プラザのものです。

はじめに

昨今ではエンタープライズアプリケーションでもAWSやGoogle、Microsoft Azureのようなクラウドサービスを利用することが珍しくなくなってきました。ここでは、IoTデバイスとクラウドの接続を、それぞれ違ったアプローチで実現している2社の事例を紹介します。

アプリケーションレベルでのインテグレーション：ダイドードリンコ

ダイドードリンコ株式会社（以下、ダイドードリンコ）では、飲料の自販機をIoT化し、お客様と自販機の新たな関わり方を創出する「Smile STAND」の一環としてデータ収集のオンライン化を進めています。SORACOM Airによるセルラー通信にてデータを収集しているのですが、クラウドプラットフォームにAWS、さらにAmazon Kinesis FirehoseとSORACOM Funnelを使ったデータ連携を選択することになりました（図1）。

SORACOM FunnelはSORACOM Beamとよく似たサービスで、デバイスからは`funnel.soracom.io`というエンドポイントで見えるリバースプロキシサービスです。ただし、SORACOM Beamはジェネリックなリバースプロキシであるのに対し、SORACOM Funnelは、Amazon Kinesis FirehoseやAWS IoTなど、ユーザー自身が利用する、特定のクラウドサービスに直接データを転送する、よりスペシフィックなリバースプロキシです（図2）。

一般的に、クラウドサービスのAPIを利用するには認証が必要です。これらのAPIを直接呼び出そうとした場合、すべてのデバイスにクラウドのクレデンシャルを配布する必要があります。このため、デバイスが盗まれクレデンシャルが漏洩するというリスクはなくならず、そういったインシデントの際に簡単にクレデンシャルのローテーションが行えない（すべてのデバイスにクレデンシャルを配り直す必要がある）

■図1　ダイドードリンコのアーキテクチャ

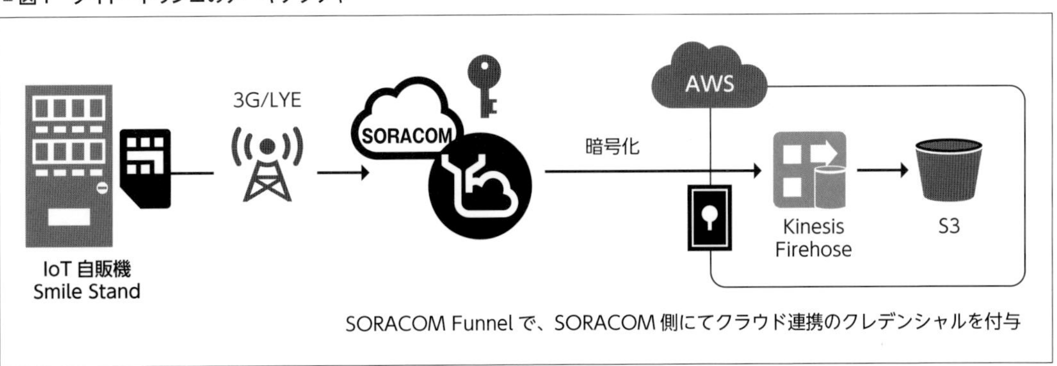

■図2　SORACOM Funnel

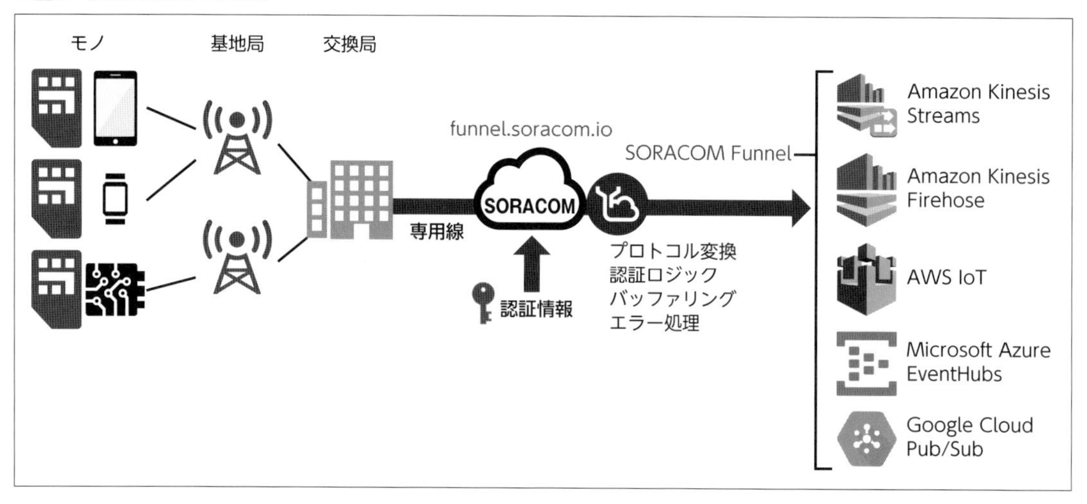

という問題もそのままです。

SORACOM Funnelを利用すると、クレデンシャルをデバイスではなくSORACOMに配置することになり、こういったリスクから解放されます。デバイスは自身の持つSIMの回線情報で認証され、SORACOM Funnelによる安全なデータ転送が実現できます。

既存のアプリケーションとの統合について考える：アプリケーション編

今回のように、すでにAmazon Kinesis FirehoseやAmazon S3を利用している場合、SORACOM Funnelは強力な選択肢になります。バックエンドのアプリケーションサイドから見ると、既存のS3バケットに対して新しくディレクトリが増え、そこにIoTデバイスからのデータが増えてくるだけに見えるため、アプリケーションの拡張が非常に容易です。

ネットワークレベルでのインテグレーション：東急プラザ

ネットワークのレイヤーでIoTデバイスとクラウド環境を接続したいというケースもよくあります。東急プラザでは、AWS上に存在するシステム基盤と各店舗を接続する回線としてSORACOM AirとSORACOM Canalを利用しています（図3）。

これまで、東急プラザではキャンペーン端末にSORACOM Airを利用しています。SORACOM Airは、SORACOM Canalとともに利用することにより、図3のようにAWSのVPC（ユーザーごとに払い出されるプライベートなネットワーク空間）と直接通信ができるようになります。

Wi-Fiなどを利用する場合、それぞれの端末であったり店舗ごとの代表ルーターにVPNクライアントを持たせる必要がありましたが、SORACOM Canalの場合、SIMを挿すだけでAWSのVPCと閉域網通信が可能になります。このためVPNクライアントや証明書のインストールが不要になり、大きく運用の負荷を減らすことができました。

既存のアプリケーションとの統合について考える：ネットワーク編

SORACOM Canalを利用すると、デバイスを簡単に閉域網に参加させることができます。SORACOM Directを利用した専用線接続、SORACOM Doorを利用したIPSec-VPN接続も可能なため、接続先はAWSに限定されません。

また、SIM自身をネットワーク参加のための鍵として利用することになるので、VPNクライアントなどのソフトウェアを追加することなく、セルラー通信だけで閉域網接続が利用可能になります。

バックエンドのシステム側から見ると、プライベートに接続するネットワークが1つ増えるという見え方になるので、これまでと同様にアクセス管理やルーティングの管理が可能です。

■図3 東急プラザのアーキテクチャ

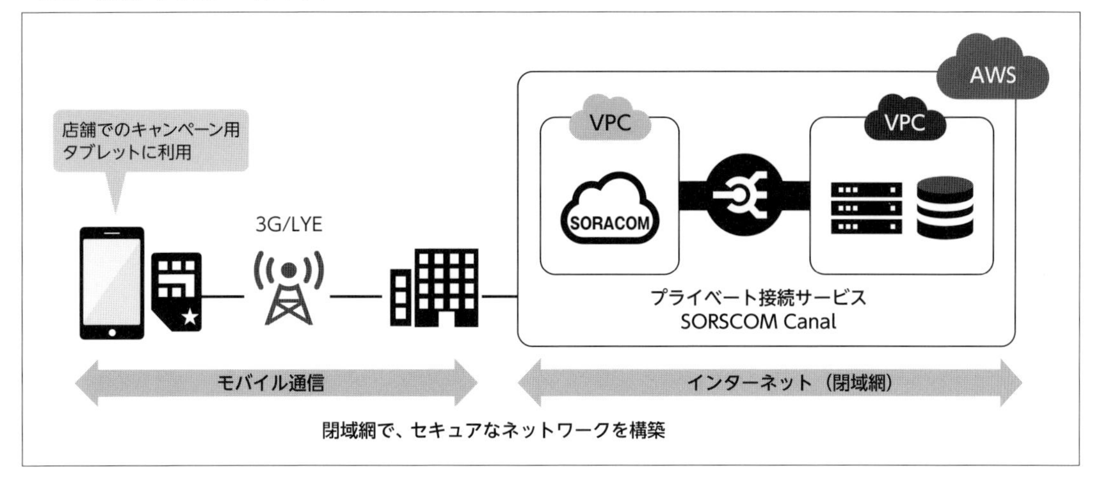

アプリケーションレベルでの統合と比べると、ネットワーク、ACL、ルーティングの設定など一手間増えますが、既存のアプリケーションのどんな通信でも通すことができるようになるため、非常に柔軟な接続形態と言えます。

ケーススタディ3：株式会社アロバ

5.3 下り通信を使う

3番目は、下り方向通信を活用したカメラの遠隔制御の事例です。株式会社アロバの優れたシステムについて紹介します。

はじめに

IoTアプリケーションというとセンサーデータの収集と見える化のような上り方向通信のユースケースが目立ちますが、実際にはデバイスの制御や設定の更新など、下り方向の通信もよく利用されています。ここでは株式会社アロバ（以下、アロバ）によるカメラの遠隔制御の事例を紹介します。具体的な詳細に触れる前に、下り方向通信の実現方法について整理しておきます。

下り方向通信の実現方法

下り通信について考える場合、サーバからデバイスのIPアドレスに対して通信をするというようなIPレベルでの実現のアプローチに最初に目がいくことが多いと思いますが、それ以外にもたくさんの方法があります。

- **HTTPによるデバイスからのポーリング**
  デバイスからサーバに対して、定期的に新たなメッセージを確認するためのポーリングを行う方法です。メッセージの到達速度がポーリングの頻度に依存するので、リアルタイムなアプリケーションには向きませんが、非常にシンプルに実装できるます。また、簡単にスケールさせることのできるアプローチでもあります。

- **TCP Socket、WebSocket、MQTTなどの利用**
  通信プロトコル自身が持っているリアルタイムな双方向性を利用するアプローチです。デバイスからサーバに対して一度セッションを確立すれば、サーバはいつでもそのセッションを利用してメッセージを送信できます。HTTPポーリングと同様にスケールさせやすいアプローチです。

- **デバイスからサーバにVPNトンネルを確立する**
  先ほどの東急ハンズの事例ではどちらかと言うと避けるべきアプローチとして紹介しましたが、デバイスからサーバに対してVPNトンネルを確立することによっても下り通信は実現できます。スケーラビリティはサーバ側のVPNセッション保持可能数に依存します。また、通信にVPNのオーバーヘッドが加わり、通信量が増えることに注意してください。

- **下り通信はデバイスのIPアドレスが直接見えなくても実現できる**
  このように、サーバがデバイスのIPアドレスを把握していなくても、あるいはNATなどによりサーバを起点とした直接通信ができない場合でも下り通信を実現する方法があることを覚えておきましょう。

カメラに映像送信コマンドを送る

アロバでは「アロバビュークラウド」と呼んでいる、カメラを使った遠隔監視サービスを提供しています。アロバの顧客である株式会社ファインシードが提供する「こっそり農遠」は、利用者が借りた農園の

■図1　アロバのアーキテクチャ

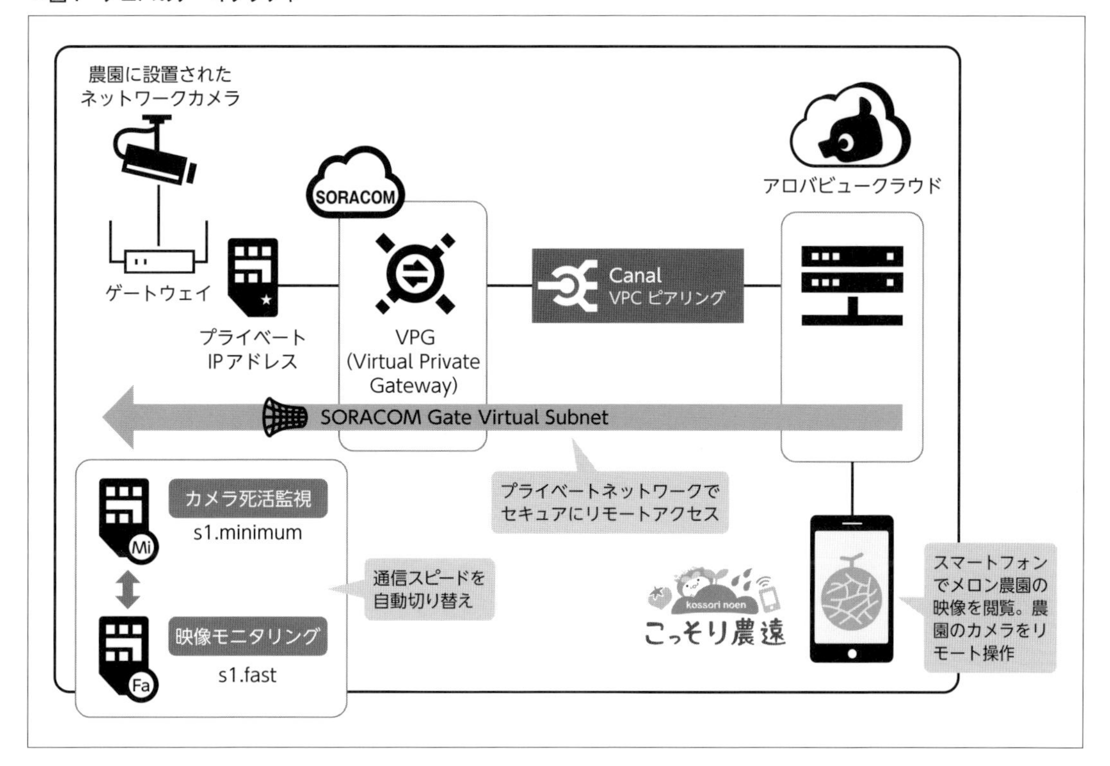

一区画にネットワークカメラを設置し、自分の農作物の栽培状況を現地に行くことなく、いつでもどこでも手元のスマートフォンでライブ映像を確認できるサービスです（**図1**）。

利用者は常に映像を見ているわけではなく、実際はほとんど通信が発生していない時間のほうが長いと想定されていました。このため、通常時はカメラの死活情報等、小さなデータを定期的にサーバに送るだけにしておき、利用者が必要とするときに映像を送る方式を採用しました。このネットワークカメラの仕様を実現するには、カメラのIPアドレスに対してサーバ側から能動的にコマンドを送信する必要があり、SORACOM Gateと呼ばれるサービスを利用してサーバからの通信を実現しています。

SORACOM Gateは、デバイスに割り当てられるネットワーク内のIPアドレスをユーザーのサーバに付与可能にするサービスです。これによって、サーバとデバイスは同一のL3ネットワークに属することになるので、お互いに直接IPアドレスを使った通信が可能になります。なお、このネットワークはもちろんプライベートなネットワークなので外部からの脅威にデバイスがさらされることはありません。

アロバビュークラウドとこっそり農遠はこのようにして下り通信をセキュアに実現しています。

下り通信の実現方法の選び方

今回紹介したケースの場合、デバイスの仕様としてサーバからコマンドを送信しなければならない制約がありました。そのため、IPベースの下り通信が必要でした。既存のデバイスやアプリケーションを利用する際には、このような前提があるケースがほとんどです。このようなケースにおいては、SORACOM Gateを使うと、既存の仕組みをほぼそのまま利用できるというメリットを提供してくれるでしょう。

一方、この方式はアプリケーション側でデバイス群のIPアドレスを管理する必要があり、デバイスの数が増えてくるとその手間が増えてくることにも注意が必要です。なお、SORACOMを利用するとSIMが持っているIPアドレスをAPIで取得したり、特定の

SIMに対して静的にIPアドレスを割り当てることも可能ですので、こういった機能を最大限に活用するのがよいでしょう。

新たにアプリケーションを開発するのであれば、ぜひ本節の「下り方向通信の実現方法」で紹介した方法も検討してみてください。特に、数千、数万のデバイスを扱うようなケースにおいては、ご自身のユースケースに合わせて、どのアプローチがいちばんスケールしやすく、管理しやすいかを考慮のうえ選択していただければと思います。

ケーススタディ4：SORACOMのAPIを有効活用する

5.4 大量の回線やデバイスの管理

最後に、SORACOMの活用事例を紹介します。特に、大量回線やデバイスの管理に焦点を絞って解説していきます。

はじめに

最後のケーススタディは、回線数やデバイスの数が大きくなってきたときに発生してくる技術的チャレンジとそこに対するアプローチを紹介します。

ここからご紹介するのは、特定の会社での事例ではなく、SORACOMを利用するとこんなことができるよというお話になります。

SORACOMの最大の特徴はAPI

SORACOMはすべての機能をAPI経由で提供しており、たとえば回線の有効化／無効化、回線速度の変更、グルーピングやタグの管理、通信量のリアルタイムなトラッキングが可能です。特に大量の回線を管理する場合は、手動のオペレーションは現実的ではなく、APIによるプログラマティックな回線管理が必須になってきます。

では、具体的にどんな使い方があるのかを見ていきましょう。

通信量の把握と制御

すでに述べたようにSORACOMではリアルタイムに回線ごとの通信量を把握できます。これを利用して、日々の通信量の可視化はもちろんのこと、想定した通信量を大きく超えている回線、言い換えると異常な動作をしている端末を検出できます。さらに「イベントハンドラ」という機能を利用することにより、「1日の通信量が1GBを超えた回線の速度を128kbpsに制限する」というような制御も可能です。その回線の情報をメールで送信することもできます。

イベントハンドラは、SIMの状態が変更されたというイベントを検知することも可能です。この仕組みを使って、デバイスとともに出荷されたSIMが初めて通信されたタイミングでアラートを受け取ることも実現可能です。また、速度制限やメールでの通知といったアクションのほかにも、Webhookのように外部のAPIを呼び出したり、AWS Lambdaを呼び出すことも可能です。

SIMの購入から利用開始までを自動化する

SORACOMのAPIでは、SIMの購入や解約も実施できます。これらのAPIを利用することにより、自社のシステムから発注を自動化できます。たとえば、システムから発注を行い、そのオーダーによって払い出されたSIMの情報をリストとして取得し、自社システムに情報を登録しておき、SIMに対して発注日や案件情報のタグを付けることもできます。

こういった手法を組み合わせて利用することにより、自社システムとSORACOMのSIMのリストが常に同期している状態を簡単につくれます。

デバイスの動作を外部からコントロールしたい

前述のタグは、外部からのAPI呼び出しだけではなく、デバイスからも簡単に取得できます。デバイスは、自分が利用しているSIMの情報を非常に簡単に取得できます（**リスト1**）。この中にはユーザーが任意のデータを付与できるタグも含まれます。

この特性を利用することにより、タグを環境変数のように利用し、データ取得先のURLを渡したり、デバイスのロールを渡したりすることができます。

■リスト1 curlによるメタデータアクセス例

```
$ curl -s http://metadata.soracom.io/v1/
subscriber | jq .
{
  "imsi": "44010xxxxxxxxxx",
  "msisdn": "81xxxxxxxxxx",
  "ipAddress": "10.xxx.xxx.xxx",
  "apn": "soracom.io",
  "type": "s1.fast",
  "groupId": "xxxxxxxxxxxxxxxxxxxxxxxxxxxxxxx
xx",
  "createdAt": 1437119287341,
  "lastModifiedAt": 1448436038512,
  "expiredAt": null,
  "terminationEnabled": false,
  "status": "active",
  "tags": {
    "name": "factory"
  },
  "sessionStatus": {
    "lastUpdatedAt": 1448419048209,
    "imei": "xxxxxxxxxxxxxxx",
    "location": null,
    "ueIpAddress": "10.yyy.yyy.yyy",
    "dnsServers": [
      "100.127.0.53",
      "100.127.1.53"
    ],
    "online": true
  },
  "speedClass": "s1.fast",
  "moduleType": "nano",
  "plan": 1,
  "expiryTime": null,
  "operatorId": "OPxxxxxxxxxx",
  "createdTime": 1437119287341,
  "lastModifiedTime": 1448436038512
}
```

デバイスが特定の条件をクリアするまで自由なインターネットアクセスを制約する

カスタムDNSという機能を利用することにより、SORACOMからのIPアドレス付与時にデバイスに渡すDNSリゾルバに任意のものを指定できます。

たとえば、どんなDNSクエリに対しても自社のシステムのIPアドレスを返すリゾルバを用意することで、必ず一度自社のシステムに誘導できます。そこでデバイスや、デバイスを使うユーザーが認証された時点で初めて自由なインターネットアクセスを許可する、といったようなことが実現可能です。

SIMが盗難されても利用できないようにする

IMEIロックという機能を利用することにより、SIMとデバイス（厳密にはモデム）個体をカップリングし、これ以外の組み合わせだと通信ができないようにすることも可能です。このため、IoTデバイスからSIMが抜き取られて別の端末に挿されても利用できないような環境を構築できます。

＊　＊　＊

これまで見てきたように、大量の回線やデバイスの管理は自動化が必須です。SORACOMの多くのユーザーは本節で紹介してきたSORACOMの機能を必要に応じてうまく活用し、回線数と管理の手間を比例させない運用を構築しています。

最後に

この章では、SORACOMを実際に利用しているユーザーの事例をもとに、彼らがどんな技術的課題に面し、それを解決しているのかをご紹介してきました。これからIoTアプリケーションの導入や開発をお考えの皆さまにとって、これから見えてくるであろう課題やその先にあるゴールのイメージを掴むためのヒントになったら幸いです。

エピローグ

IoTが創り出す価値とは
未来展望

IoTは一過性のトレンドではありません。今後、私たちの生活にも浸透し、IoTエンジニアの方たちの活躍の場も広がると予想されます。IoT社会が生まれるのかどうか、今後を展望してみます。

小泉 耕二　KOIZUMI Koji

エピローグ

IoTが創り出す価値とは

未来展望

私たちの生活に浸透するIoT

最近では、新聞やネット記事でよく目にする「IoT」という言葉。かつては、「バズワード」と言われることも多かったのですが、いまや決してバズワードなどではありません。

私は「IoTNEWS」(URL https://iotnews.jp/) というIoTとAI専門のWebメディアを運営していて、世界中の展示会を取材しています。現在、IoTは各種展示会で1つの大きなテーマとして必ず取り上げられるほど重要キーワードとなっています。また、最近では、製造業向け、物流業向け、小売り向けなどの業界向けの展示会でも、必ずIoTを活用した展示があります。

一方で、IoTという言葉から連想されるものがあまりにも広く、適用される業種もすべての業種・業界にわたるため、「これがIoTだ」と定義するのも簡単ではなく、理解が進まないという人もいるでしょう。

しかし、重要なのは言葉の定義ではありません。すべての業種・業界で活用されている理由や、その本質に迫ることで、IoTが一過性のものではなく、今後我々の生活やビジネスに深く浸透していき、私たちに身近なものへと発展していくことに気づくことができます。

15年ほど前、「iモード」に端を発するインターネットの利用が一般化したことで、「ヒトが使うブラウザやアプリ」だけでなく、「モノもインターネットにつなぐと新たな価値が出る」のではないかという考え方が出てきました。

それは、「ユビキタス」と呼ばれる、あらゆるものがネットワーク化される社会であり、当時iモードビジネスを支援する企業にいた私もその流れに巻き込まれていきました。

自身でも多くの企業に対して、「モバイルネットワークを用いたユビキタスソリューション」なるものを提案し、M2M (Machine to Machine) やITS (Intelligent Transport Systems：高度道路交通システム)、モバイルCRM (Customer Relationship Management) といった、ヒトやモノがつながる社会の実現に奔走していました。

しかし、実際にさまざまな企業に提案に行くと、「その通信費は誰が負担するの？」「インターネットにうちのデータを流すなんてセキュリティ上あり得ない」「ネットワーク対応は考えていない」と取りつく島もない状況でした。

当時を振り返ると、インターネットを含めたネットワーク化の本質はまだ理解されていなくて、「技術的にできること」と「ビジネス上実現したいこと」の間に大きなギャップがあったと感じていました。

その後、インターネットが世界中で当たり前となり、Yahoo!のような手作業でWebサイトを紹介する検索サービスから、Googleのようなアルゴリズムを使って情報を検索するサービスが主流となりました。インターネット上のサーバを利用する場合も、1台ずつ借りるという考え方から、サーバリソースを概念的に借りるという、クラウドの考え方が主流になってきました。

このあたりからは皆さんご存知のとおり、クラウド上にFacebookのような巨大なサービスが展開されるようになり、サーバサイドの処理としても、分散処理が一般化してきました。その流れの中で、Googleは機械学習と呼ばれる、潤沢なマシンパワーが必要な学習アルゴリズムを使って、検索サービスを賢くしていきました。

機械学習といっても、皆さんご存知のとおり、人工知能は万能というわけではありません。実際には、地道な人海戦術によって「言葉の揺らぎ」や「方言」などにも対応した、人間の感覚に近い検索エンジンができ上がっていったのです。

一方、デバイスの世界では2009年にアップルがiPhone 3GSを発表し、Android OS対応のスマートフォンを含め、世界中で一大スマートフォンブームを巻き起こし、世界中でインターネットが使われる時代がやってきました。

スマートフォンというのはセンサーの塊で、「カメラ」や「GPS」、「加速度センサー」など数多くのセンサー類が組み込まれています。世界規模でのスマートフォンの爆発的な普及に伴い、性能を向上させながら、量産効果でセンサー類の価格も下落していきました。

こういった、「通信」と「センサー」と「機械学習」、そして「クラウド環境」の進化によって、モノがインターネットに接続し、クラウド上でシミュレートした結果を現実社会に返す、IoTやAIを活用したサービスが実現できる技術環境が整いました。

その結果、これまでインターネットに接続してこなかった「モノ」を作っていたメーカーも、インターネットへの接続を考えるようになり、今に至っています。

IoTに注目が集まる技術的背景

実は、IoTに注目が集まっている理由は、「考え方の新しさ」ではなく、「技術が考え方に追いついてきた」からだと理解することが重要です。

モノがネットワークにつながることで、モノ同士が協調して動作し、ヒトを介在させずにさまざまなことができるという未来は、ずいぶん以前から映画などで描かれてきました。

しかし、以前は今のようにセンサー類も安くなかったし、ネットワークも高くついていました。皆さんが、現在当たり前のように安価に使っているクラウドサービスもなく、「電子工作をして、インターネットにつないでデータを可視化する」なんて、IoTの入門技術を実現することすら、決して簡単ではありませんでした。

ところが、今ではどうでしょう？ 今では、いろんなものを簡単にインターネットにつなぐことができ、クラウド上に蓄積したデータを解析したり、機械学習で学習したモデルを使って判断をしたり、クラウドからモノに対して指示を出すことなども簡単にできます。こんなことが当たり前にできるようになってきたことが、IoTに注目が集まる理由だと言えるでしょう。

さらに、これまで取れなかったデータも取れるようになってきています。たとえば、画像認識や音声認識といった技術が向上したことで、人が認識するように情報システムが外界の情報を認識することができるようになってきています。Facebookなどのソーシャルネットワークで、友達と映った写真をアップロードすると、自動的に顔認識し、タグ付けされるという経験がある人は多いのではないでしょうか。

さらに、センサーや認識技術などを駆使して、現実世界の情報を全部、クラウドにアップロードすることができれば、その情報を分析・予測することで、「将来どうなるか」といったこともわかるようになりました。

実際に技術的にやっていることは、それほど新しいことでなかったとしても、組み合わせたり、つなげたりすることで、全体として新しい価値が生まれるようになってきているのです。

これまでさまざまな場面で考えられてきた、モノとモノが協働する世界は、技術の革新によって現実のものとなり、今後の私たちの生活に浸透していきます。私たちは、これまで体験したことがないようなことを経験する時代に生活しているのです。

単にモノがインターネットにつながる以上のインパクトをもたらす

「インダストリー4.0」という言葉は聞いたことがある方も多いのではないでしょうか。これは、ドイツから始まる産業革命と言われているのですが、その中身はIoTやAIがベースとなって実現できることです。

第四次産業「革命」というくらいなので、すごいことが起きるはずです。では、実際にどういうことが起きるというと、私はこれによって「未来予測」ができるようになるのだと考えています。

デジタルツイン

リアルの世界で起きている出来事をセンサーで収集し、クラウド上に展開する。その結果、クラウド上にはリアルの状態をコピーしたバーチャルな世界を作ることができます。これを、「デジタルツイン」と呼びます（**図1**）。

デジタルツイン上では、人工知能など、多様なアルゴリズムを駆使することで、将来に対する予知ができるようになります。そして、その予知した結果をリアルに戻し、リアルを動かすのです。

単純な例で説明しましょう。まず、産業機械の状態をセンシングし、クラウドにアップロードします。そして、故障した状態や正常な状態を学習することで、故障する兆しをつかみ、リアルで起きる故障の前に故障を予知する。その結果、これまで1か月ごと、あるいは一定期間ごとに顧客先に訪問し、故障していなくても部材を交換したり、逆に交換しなかったために故障してから呼び出されたりしていた産業機械のメンテナンスマンは、故障予知に従ってメンテナンスすることができるため無駄が減ります。

こういったことがデジタルツインを使って未来を予測することによって実現可能になります。これをもっと大きな目で見ると、社会全体が未来を予測することが可能な社会になっていくということを意味します。

製造業であれば、設計から開発、製造、物流といった大きなビジネスの流れ全体をデジタルツイン上に展開することで製造のビジネスプロセス全体が効率化されます。

東京で作っていた設計データを、タイの工場で実際に開発可能なのかどうかを検証する場合、これまで東京の設計者はタイまで出張し、工場の担当者と何度も会議を繰り返しながら製品化を進めていました。しかし、今やデジタルツイン上でシミュレートできるので、ある程度製造ができるということを確認してからリアルの製造の現場に持ち込むことができます。結果、1つのプロセスの効率化にとどまらず、プロセス間で起きる無駄も省かれることになります。

これはグローバルでは「デジタライゼーション」と呼ばれており、欧米でのIoTやAIの価値は、このデジタライゼーションに帰着すると言われています。つまり、大きな流れとして産業のデジタライゼーションがあり、それを実現する手段としてのIoTやAIが存在するというトップダウンの考え方です。

こういったダイナミックなことを実現することをイメージしたインダストリー4.0という考え方が多くの人の心を捉えていて、実際にそこに向かったソリューションとして、ゼネラル・エレクトリック社（GE）の「Predix」、シーメンス社の「MindSphere」があります。

今後、産業向けのIoTは、このような「業界別プラットフォーム」がいたるところで出現します。ここ数年、日本国内で起きてきているような、単にモノの状態を取得して可視化するという流れから、業界特有の業務フローの中でIoTを使ったモノの状態の取得を行い、クラウド上でシミュレートし、その結果を活用してモノをアクチュエート（人へフィードバック）する、という考え方がより一般的になってくるでしょう。

物流企業では、出荷情報から倉庫でのモノの効率的な出し入れを実現し、発注状態やトラックの位置情報などに基づいた配車サービスを行うようになります。

小売やサービス業でも、顧客の来店状況

■図1　デジタルツイン

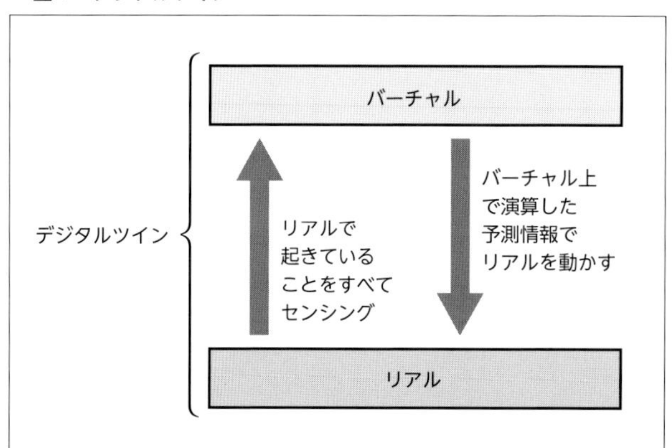

や優良顧客かどうかの識別、過去の接客状況などを可視化し、平準化された高度な接客を行うだけでなく、顧客の行動特性に合わせてリアルとバーチャルで販売促進を行い、ECでも店舗でも買えるという環境をつくる企業が増えていくでしょう。

これ以外にも、各産業でIoTを取り入れることで、どんどんリアルの情報がクラウド上にアップロードされてデジタルツインが構成されます。そして、これまでのデジタル技術が行ってきた業務プロセス単体の効率化から脱却し、ビジネスプロセス全体を最適化する流れが生まれるでしょう。

モノのネット接続に商機を見出す

また、こういった大きな流れがある一方で、スマートホームのソリューションのように、単にモノをインターネットに接続するだけでも価値を見出そうという動きもあります。

スマートフォンの登場によって、BLE（Bluetooth Low Energy）が一般化したことから、モノにBLEのモジュールを装備することで、簡単にスマートフォンのアプリと接続できるようになりました。その結果、スマートフォンアプリを使って、モノを動かすという製品が多数登場しています。

初期のIoT製品として、フィリップス社のスマートフォンアプリによって色が変えられる電球「Hue」を思い浮かべる人も多いことでしょう。ほかにも、nest社が作った「nest CAM」は、いわゆるインターネットカメラなのですが、映像をスマートフォンに写すことができるので、外出先からも家の中の様子などがわかります。これは、Bluetooth接続ではなく、家庭のルーターにWi-Fiを使った接続をして、インターネット経由で参照するという例になります（**図2**）。

同様の考え方で、「RING」というドアホンも、外出先から訪問者の映像を見ることができます。さらに日本でも、スマートフォンでドアの鍵を開けることができる「Akerun Pro」というサービスが始まりました（**図3**）。

このように、家電製品がスマートフォンを使って操作できるようになると、家ナカのこういった「つながる家電製品」をまとめて操作しようという考え方が出てきます。そして、サムスン社の「SmartThings」のように家電製品のハブとなるモノが登場しました。この家ナカのハブは、家庭内にある“つながる家電”を1つのアプリケーションで制御してくれます。

こうやって家電製品をインターネット経由でコントロールすることができるようになったことから、起きた新たな覇権争いが始まっています（**図4**）。

最近Amazon EchoやGoogle Homeなどの「音声応答スピーカー」の話題を目にすることが多いでしょう。音声応答スピーカーに話しかけることで、家ナカの家電製品を動かすことができると思っている人も多いでしょう。しかし、単純に声で操作するだけであれば、スマートフォンで操作するのもよいし、近くに製品のリモコンがあるならそれを直接操作するほうが早いと考える人も多いでしょう。

では、音声応答スピーカーは何を狙っているのでしょうか？

たとえば、キッチンでハンバーグをこねている主

■図2　Hue（左）とnest CAM（右）

■図3　RING（左）とAkerun Pro（右）

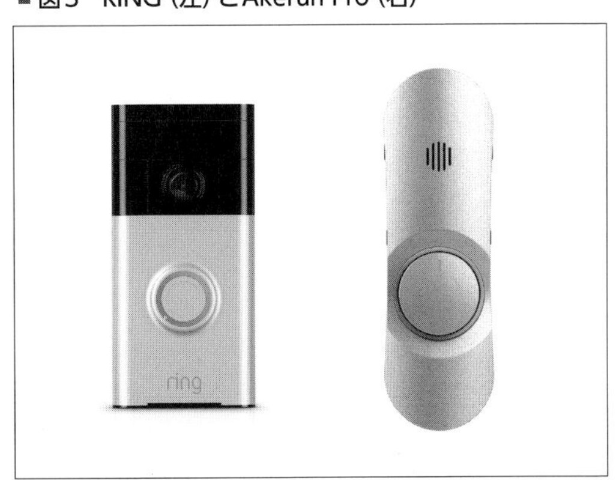

婦が、パン粉がなくなりそうなことに気づいて、音声で「パン粉を買い物リストに入れておいて」というのです。そうすることで手が汚れていてスマートフォンが操作できない状態でも買い物リストを作ることができます。

買い物に行って、リストがないために買い忘れがおきるという経験がある方は多いでしょう。小さな子供に手が離せないシーンで「あれ、やっといて」とお願いするようなことは、たいていの場合実現できてしまうと考えればこの音声応答スピーカーの価値がわかるでしょう。

こういった単純な利用のほかにも、お父さんが駅に到着したことをスマートフォンのGPSが捉え、それをキッチンで料理をしているお母さんに音声応答スピーカーが教えます。お母さんは、「帰り道に卵を買ってきてほしい」と音声応答スピーカーに話すと、帰宅途中のお父さんにそれが伝わる、といったこれまでも普通に存在した生活の流れの中に、こういった声を使ったサービスが入ってくるというのが、来年以降2020年くらいにかけて一般化していくと考えられます（**図5**）。

こういった音声応答スピーカーを作る企業の中でもAmazonなどは、「音声応答スピーカーでできること」を、モジュール化して技術者に提供しています。今後、Amazon Echoのようなスマートスピーカーは、スピーカー部分だけ作れば中身は提供されたモジュールを利用するだけで誰でも作れるようになります。

これらのモジュールを使うことで、これまでチャットボットで対応してきたWebサービスの顧客対応についても音声での対応が可能となるでしょう。会議室予約や、出張スケジュールの調整サービスなどでも音声応答エンジンの活用が検討されていて、2018年中には多くのサービスで音声応答を活用したサービスが発表されると予測しています。

もちろん、産業分野でもIoTの取り組みは進んでいます。キャリアの通信網を使って飲料自動販売機の状態を監視する「ダイドードリンコ」の取り組み、日本

■図4　家電のハブ化と音声応答エンジン

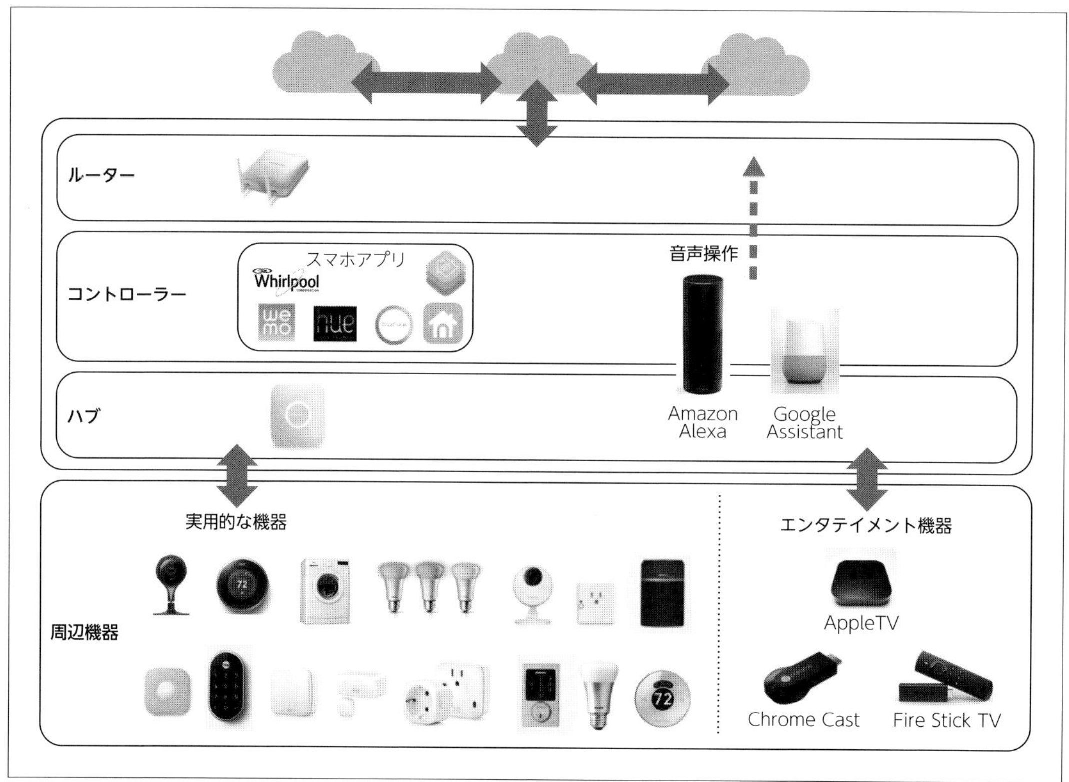

■図5　駅に到着したお父さんに買い物をお願いするシーン

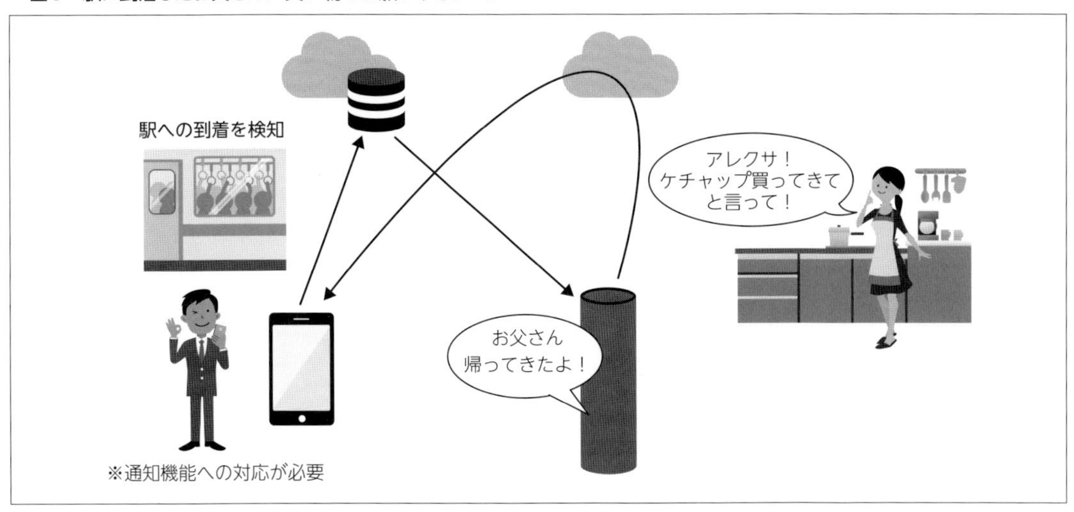

のみならず世界のキャリアネットワークを活用して、海外に設置されたガスタービンの監視を行う「IHI」など、多くの事例が発表されています。

IoTで創り出す新しい価値

では、IoT時代のエンジニアのあるべき姿はどのようなものでしょうか？ そして、何をできる必要があるのでしょうか？

最近、急速に伸びているタクシーサービスの1つに「Uber」があります。個人の車を使ったタクシーサービスで、利用者もドライバーもスマートフォン上のアプリを使って配車や決済を行います。

実は、Uberには「相乗り」の機能があります。4人乗りの車であれば、ドライバーを除けば3人が乗れるので、3人で相乗りをすることができるのです（図6）。

数多くのクルマが行き交い、人も多く、坂道だらけのサンフランシスコのような都市でUberを使うと、この相乗りサービスは、1人で利用するより安上がりで、かなり重宝します。また、ドライバーにとっても1人だけのせるよりメリットが大きいのです。

これは、「相乗りでもいいから、なるべく安く、目的地に着きたい」というニーズに応えたサービスと言えるでしょう。

では、Uberの仕組みを技術的に見ていきましょう。そもそも、なぜこんなサービスができるのでしょうか？ どの車がどの利用者を拾っていくべきか、ということはどのように決めているのでしょうか？

Uberのシステムは、多数の人が違う目的地に行くことを前提として、多数の車の中から、どの車がどの人をピックアップすれば一番利用者の満足度を上げられるかということを考えなければなりません。

実は、物流業のトラックに荷物を積んで複数の拠点に運ぶ際、どのルートを通ればよいかという、いわゆる「ルート判定」はこれまでもできましたが、Uberの場合はもっと複雑です。

スマートフォンというデバイスで、複数の利用者の位置を取得し、それぞれの利用者の満足度を最大限にするためのアルゴリズムを考えなければなりませ

■図6　Uberのライドシェア画面

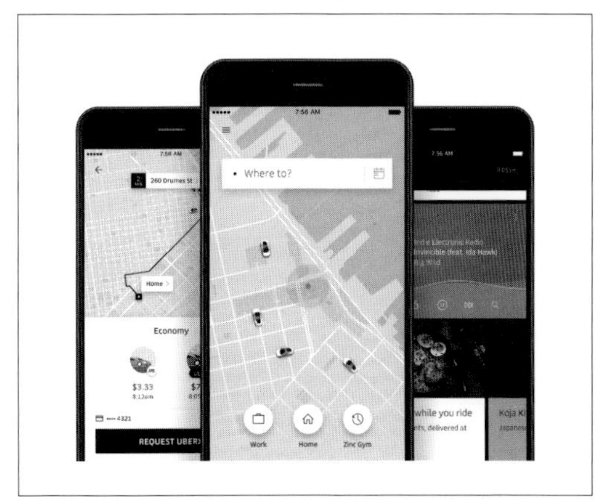

ん。さらに、指示をドライバーのスマートフォンに通知する必要もあります。

この例では、スマートフォンアプリと、ネットワーク、クラウド、AIといったさまざまな技術知識を持っていなければ、こういったサービスの実装イメージはつきません。

つまり、自分の得意な領域だけでなく、センサーからの情報取得方法、組み込みコンピューティング、ネットワークの設定、クラウド、判断のためのアルゴリズムや機械学習など、多岐にわたる知識と技術を一定レベルで習得しておけば、自らの手で新しい価値を生み出すことができる可能性ができるのです。

デバイスをつないでみてわかる多くの課題を体感する

Uberのように、スマートフォンを「モノ」としてIoTの系を実現するケースでは、スマートフォンのアプリがデバイスのGPS情報を取得する仕組みがあらかじめ実装されているため、デバイス情報の取得部分でエンジニアが困ることはあまりないでしょう。

実際、Uberにおける技術的な問題は、デバイス側ではなく、クラウド上のアルゴリズムをどう考えるかというところに多く存在すると想像できます。

一方で、IoTはデバイスの情報を自分でコントロールしなければならないこともよくあります。最近、私はロサンゼルスに滞在している際に、タッチパネル搭載型のAmazon Echoの関連商品「Echo Show」と、自宅の玄関に後付けすることができる「RING」というドアフォンを実際に購入し、私の先輩の自宅でつなぐという機会を得ました（図7）。

設定のはじめに行うことは、それぞれの機器のユーザー登録とWi-Fiの設定です。次に、Alexaアプリの設定で、「Alexaスキル」に「RING」を紐付ける必要がありました。

実際に使ってみると、RINGのボタンを押すことでEcho Showには玄関先の人が映るかと思いきや、そう簡単にはいきませんでした。「alexa, Show me the camera!」などと命令してもRINGの前にいる人の映像が映し出されるのです。

つまり、Echo Showに指示を出さないとRINGの前に立っている人の映像を見ることができなかったのです。また、映像も実際の動きと比較すると、数秒遅延して表示されていて、家の中で使うには少し遅いなと感じました。

タッチパネルディスプレイが付属した音声応答エンジンと、ドアホンをつなげるという考え方はとても面白いし、別のプロダクトをネットワークで接続することで横断的な系をつくり、新しい価値を生み出すというところも、非常にIoT的であるとも言えます。

しかし、実際に使ってみると、前述したような利用者にとって必ずしも心地よい状態ではないことがわかるのです。

このことは、技術的に考えてみれば当たり前のことで、RINGからEcho Showをプッシュしようとすると、Alexaスキルに「プッシュ通知機能」が有効でないといけないということです。しかし、この情報は現状では一般に公開されていません。

また、Wi-Fiを使ってインターネットを経由してストリーミング情報をアップロード／ダウンロードするのですから、遅延がそれなりに発生してしまうことは想像に難くないでしょう。

こういうケースで、「専用機のほうがよい」という結論にいく人は多いと思います。ですが、エンジニアであればここで立ち止まって、どうにかしてこの時間を短縮する方法を見つけ出してほしいと思うのです。

もちろん、環境によってはどうにもできない部分もあります。自分では対応できないスキルが必要なケースもあるでしょう。

■図7　Echo Show

しかし、それが理由でスマートにならないのであれば、そこを解決した製品やサービスを作ることで他者と比較したアドバンテージが生まれるのです。

情報感度を高め、新しい製品やサービスをどんどん試し、課題を見つけたら自分で解決しようとしてみるという繰り返しが、エンジニアリングによって我々の生活を大きく変える原動力となるのです。

トライアンドエラーを繰り返す

街全体をインターネットにつないで、快適な暮らしを実現しようという動きがあります。これは「スマートシティ」と呼ばれています。バルセロナ市などスマートシティ先進地域と呼ばれるエリアでは、「CityOS」という考え方があります。CityOSは、スマートシティの考え方を、街のオペレーションシステムのように捉えるという考え方です。

「交通」「安全」「エネルギー」「クリンネス」といった分野で、街にあるものをネットワーク化しようという動きです。たとえば「安全」でいうと、街の電灯に監視カメラや音声マイクを付けておくのです。深夜に大きな音がなったり、騒いでいるといった情報をマイクが拾い、監視カメラがその様子を録画し、警察に通報するのです。

日本でもこういった取り組みは各地で行われています。島根県益田市では、豪雨が降ると、街の用水路が氾濫して床下浸水が頻繁に起きていました。大雨が降ると夜間であろうが休日であろうが用水路の水門を調整していかなければならなかったといいます。

そこで、用水路の水位を把握するために用水路にセンサーをつけて、一定水位を超えると市職員に警告をするという仕組みを導入しました（**図8**）。

これらの取り組みについて、「アイデア」は誰でも思いつく内容だと思うのです。しかし、実際にやってみると、センサーに電源を引くことができないことから、センサーは電池駆動しなければならない。電池駆動を実現するためには、省電力の通信でなければならない。そこで、センサー情報のアップロード用通信には、LPWA（Low Power Wide Area Network）を採用する。LPWAは自分でネットワークを引くことができることが魅力なのですが、一方でキャリアが提供するセルラー通信のように、通信を保証してくれる人は誰もいません。

広い街をカバーするには、どこにネットワークの中継機を置くべきか、どこに監視ルームを作るべきか、といったことからトライアンドエラーが始まります。仮に、ネットワークがつながり、水位の情報が取得できるようになったとしても、どういう状況であっても、安定的に情報が取れるかどうかはやってみないとわかりません。ちなみに、益田市の場合、現状では何回かに1回はデータが取れないことがあるといいます。

一方で、ゲリラ豪雨のときは、1時間くらいで用水路が一気にあふれてしまうため、通信間隔は通常10分に設定されているのですが、ゲリラ豪雨が起きた場合は、10分の通信間隔は長すぎるのだと言います。しかも、通信エラーなどがあったら、気づいたときには用水路が氾濫しているという事態になってしまうのです。

つまり、普段は省電力のため通信間隔を長くしていても、なんらかの手段でゲリラ豪雨を認識し、その間だけは通信間隔を短くしないといけないということです。また、災害が予測されるタイミングで通信が欠損することは許されないことになるでしょう。

単純に水位計を用水路に取り付けて、LPWAの通信でデータを基地局に飛ばすというモデルを描くこと

■ 図8　用水路に取り付けたセンサー

はとても簡単なのですが、実際に動かしてみるとこういった問題が次々と出てくるものです。

「IoTはデータ取るだけだよね」という人を見かけますが、そういうことを言う人は、現場で次々起きる課題を誰かが1つずつ解決していっていることを知らないのだと思います。

エンジニアは、IoTのプロジェクトに入るときにはフィールドでのトライアンドエラーがかなり必要になることを知っておく必要があります。そのための工数をあらかじめ保持しておき、それなりの時間をかけてフィールドテストをやる前提でプロジェクトを進めることが重要になるでしょう。

インターオペラビリティの重要性

海外の事例を調べていると、よく「インターオペラビリティ（相互運用性）」という言葉にぶつかります。ほかのシステムと簡単に接続することができる仕組みをつくることで、いろんな利用シーンに対応しようという考え方です。

これまで、多くの企業が「自分の縄張りに他人を入れない」という排他的なやり方を是としてきました。他者を排除するために、わざと特別な仕組みを導入し、その仕様を知らない人とは接続せず、業界の中心的な企業は「自分の村」をより大きくすることに夢中でした。

しかし、インターネットのオープンな考え方が当たり前となっている時代です。このような排他的な考え方はエコシステムの構築にとって阻害要因にしかならず、自身のシステムのできることや接続性に関しては、ある程度オープンにすることは当然と言えます。エンジニアにとってみれば、さまざまなサービスやシステム、モノとの接続が簡単になっていく流れとなるので、この流れはとても歓迎されることとなるでしょう。

今以上に、ほかのシステムとの接続性を考え、なんでも自前で作り込まないことが、スタートまでの時間を短縮し、できるコトの幅を広くする効果を生み出すのです。

エンジニアが主人公になる時代がやって来た

これまでのITのサービスでは、「ビジネスを企画する人」と「テクノロジーによって実現する人」が別の場合が多かったのですが、IoTの時代ではエンジニアでなければビジネスを生み出すことが難しい状況になります。

なぜなら、これまで書いてきたとおり、実際にモノとモノをつなぎ、協働させるには、技術的なチャレンジが多く存在するからです。

やりたいことを実現するために、どのクラウドサービス、ネットワークを選択するのか、相互接続性の高い既存のサービスや製品はないかなど、多くの「実現性のある手段」を持っているエンジニアでないと、サービス開始までの時間がかかるだけでなく、無駄な投資もかさむこととなるのです。

そして、これからのビジネスは、テクノロジーのトレンドへの理解も重要です。たとえば、クラウドが流行ったからといって、すべてのことをクラウドで処理しようという考え方はナンセンスです。多くのデバイスが一気にクラウドに接続してきた場合、それらのトランザクションはどうさばけばよいのでしょうか。動画データのような重いデータは全部クラウドにあげないといけないのでしょうか。

実際にIoTのプロジェクトが増える中、こういった個別具体的な課題を解決する必要ができ、結果的にエッジコンピューティングと呼ばれる、デバイス側での処理に注目が集まるケースも増えてきています。

つまり、経営者にとってみれば、得意分野の技術力だけでなく、広範囲な知識と、相互接続性の高い製品やサービスに対する見識、テクノロジーのトレンドに対する先見性を持ったエンジニアがいなければ、ビジネスは立ち上がらないどころか、迷走することになるのです。

こういうと、「やることが多くて大変だな」と思う人もいるでしょう。しかし、皆さんが、その専門性を磨きつつ、広範囲な知識と経験を持つことで、エンジニアの未来は無限大に拓けていくのです。

付録
SORACOM提供サービス一覧

本書ではソラコム社が提供しているプラットフォーム「SORACOM」のサービスを使った事例を多数紹介しています。SORACOMはIoT/M2M向けワイヤレス通信を提供するプラットフォームで、以下の図に示しているように多様な製品で構成されています。この付録では、それぞれの製品の概要を紹介します。本書で事例を読むときの参考にしてください。

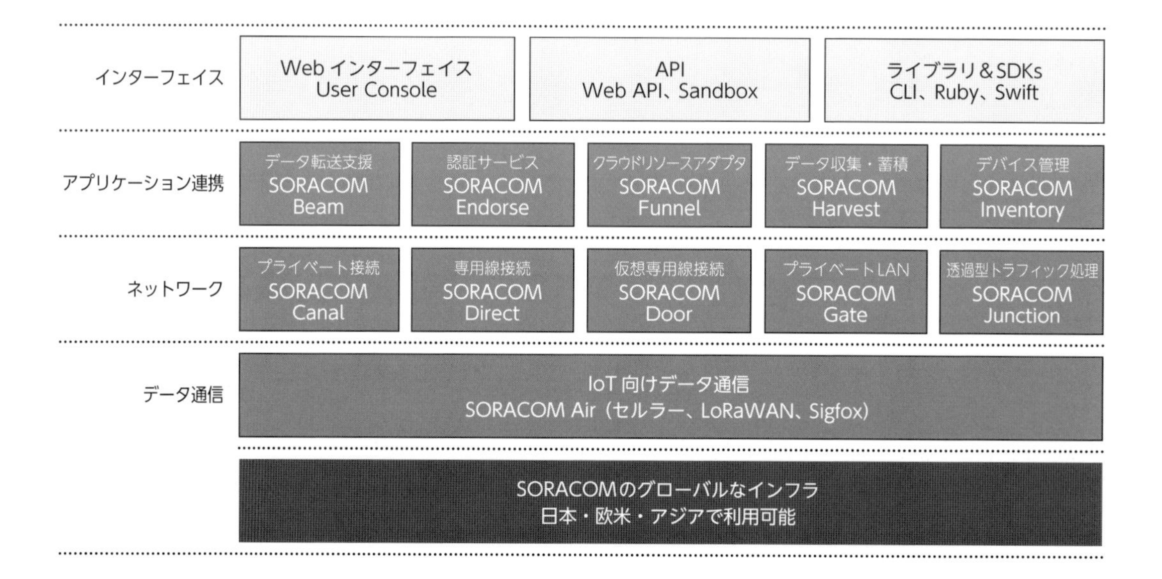

IoT向けデータ通信サービス

SORACOM Air

SORACOM Airは、IoT向けのコネクティビティを提供するサービスです。ユーザーコンソールやAPIを利用して各種設定の変更、通信量の監視などを行い、IoTの通信を一元管理します。

ネットワークサービス

プライベート接続サービス

SORACOM Canal

SORACOM Canalは、Amazon Web Services（AWS）上に構築した顧客の仮想プライベートクラウド環境とSORACOMプラットフォームを直接接続するプライベート接続サービスです。

専用線接続サービス

SORACOM Direct

SORACOM Directは、SORACOMから顧客のシステムを専用線で接続する専用線接続サービスです。

仮想専用線接続サービス

SORACOM Door

SORACOM Doorは、SORACOMから顧客のシステムを仮想専用線（VPN）で接続するサービスです。

デバイスLAN接続サービス

SORACOM Gate

SORACOM Gateは、SORACOM Airで接続されたIoTデバイスとのデバイスLAN接続サービスを提供するサービスです。

透過型トラフィック処理サービス

SORACOM Junction

SORACOM Junctionは、透過型トラフィック処理サービスです。Virtual Private Gateway（VPG）を通るパケットに対して、ミラーリング、リダイレクション、インスペクションの3つの機能を提供します。

アプリケーション連携サービス

データ転送支援サービス

SORACOM Beam

SORACOM Beamは、暗号化などのIoTデバイスにかかる高負荷処理や接続先の設定を、クラウドにオフロードするサービスです。SORACOM Beamを利用することによって、クラウドを介していつでも、どこからでも、簡単にIoTデバイスを管理できます。大量のデバイスを直接設定する必要もなくなります。

クラウドリソースアダプタ

SORACOM Funnel

SORACOM Funnelは、デバイスからのデータを特定のクラウドサービスに直接転送するクラウドリソースアダプタです。SORACOM Funnelがサポートしているクラウドサービスと、そのサービスの接続先のリソースを指定するだけで、データを指定のリソースにインプットできます。

認証サービス

SORACOM Endorse

SORACOM Endorseは、Air SIMを使用しているデバイスに対して、SORACOMが認証プロバイダーとしてデバイスの認証サービスを提供します。SIMを使用した認証をWi-FiなどのSIM以外の通信にも使えるようになります。

データ収集・蓄積サービス

SORACOM Harvest

SORACOM Harvestは、IoTデバイスからのデータを収集、蓄積するサービスです。

デバイス管理サービス

SORACOM Inventory

SORACOM Inventoryは、OMA LightweightM2M（LwM2M）をベースにしたデバイス管理のためのフレームワークを提供するサービスです。

IoTプラットフォームSORACOMの詳細については、以下のリンクを参照してください。
URL https://soracom.jp

◆装丁・目次デザイン　トップスタジオデザイン室（嶋 健夫）
◆本文デザイン＆DTP　有限会社風工舎
◆編集　川月 現大（風工舎）
◆担当　細谷 謙吾、取口 敏憲
◆本書サポートページ
http://gihyo.jp/book/2018/978-4-7741-9611-4
本書記載の情報の修正／訂正／補足については、当該Webページで行います。

■お問い合わせについて

本書に関するご質問については、本書に記載されている内容に関するもののみとさせていただきます。本書の内容と関係のないご質問につきましては、一切お答えできませんので、あらかじめご了承ください。また、電話でのご質問は受け付けておりませんので、FAXか書面にて下記までお送りください。

なお、ご質問の際には、書名と該当ページ、返信先を明記してくださいますよう、お願いいたします。

お送りいただいたご質問には、できる限り迅速にお答えできるよう努力いたしておりますが、場合によってはお答えするまでに時間がかかることがあります。また、回答の期日をご指定なさっても、ご希望にお応えできるとは限りません。あらかじめご了承くださいますよう、お願いいたします。

〒162-0846　東京都新宿区市谷左内町21-13
株式会社技術評論社　雑誌編集部
「IoTエンジニア養成読本 設計編」係
FAX　03-3513-6173
URL　http://gihyo.jp

IoTエンジニア養成読本　設計編

2018年3月26日　初版　第1刷発行

著　者　片山 暁雄、坪井 義浩、松下 享平、大槻 健、松井 基勝、大瀧 隆太、日高 亜友、八木橋 徹平、今井 雄太、小泉 耕二
発行者　片岡 巌
発行所　株式会社技術評論社
東京都新宿区市谷左内町 21-13
電話　03-3513-6150　販売促進部
　　　03-3513-6177　雑誌編集部
印刷／製本　図書印刷株式会社

定価はカバーに表示してあります。

ISBN978-4-7741-9611-4　C3055
Printed in Japan